ABHANDLUNGEN DER DEUTSCHEN AKADEMIE
DER WISSENSCHAFTEN ZU BERLIN

Jahrgang 1969

KLAUS KÜHNE

ZUR KENNTNIS SILIKATISCHER WERKSTOFFE UND DER TECHNOLOGIE IHRER HERSTELLUNG IM 2. JAHRTAUSEND VOR UNSERER ZEITRECHNUNG

MIT EINEM VORWORT
von
STEFFEN WENIG

Mit 36 Abbildungen und 2 Tabellen

AKADEMIE-VERLAG · BERLIN
1969

Erschienen im Akdemie-Verlag GmbH, 108 Berlin, Leipziger Straße 3–4

Lizenznummer: 202 · 100/454/69
Gesamtherstellung: VEB Druckhaus „Maxim Gorki", 74 Altenburg
Bestellnummer: 2001/69/II/1 · ES 18 C 4/20 M 3
14,–

Inhalt

1. Bemerkungen zur Geschichte Ägyptens

— Vorwort —

Es ist sicher ungewöhnlich, wenn einem naturwissenschaftlichen Aufsatz eine historische Einleitung vorangesetzt wird. Da es sich bei dem untersuchten Material um Objekte aus dem Altertum handelt, die im ägyptischen und vorderasiatischen Raum gefunden wurden, so mögen für den ägyptologisch nicht geschulten Leser einige wenige Worte über die Epoche, in der die meisten der untersuchten ägyptischen Fayencen und Gläser entstanden, und über die Fundumstände angebracht sein.

Die historische Zeit Ägyptens, d. h. jene Epoche, in der die Menschen begannen, geschichtliche Ereignisse schriftlich zu fixieren, beginnt mit der I. Dynastie (um 3000 v. u. Z.). Zu jenem Zeitpunkt wurden die beiden Teilreiche von Ober- und Unterägypten zu einem einheitlichen Staatsgebilde vereinigt, die Hieroglyphenschrift „erfunden" und entwickelt sowie die Grundlagen der ägyptischen Kultur geschaffen, die für drei Jahrtausende Bestand haben sollte. Bereits in vorgeschichtlicher — oder auch vordynastischer — Zeit, genauer im 4. Jahrtausend v. u. Z., wurde ägyptische Fayence hergestellt. Aus diesem Material wurden vor allem Amulette, Schmuckstücke, Einlagen, Gefäße etc. gefertigt. Es war der im ganzen ägyptischen Altertum am häufigsten verwandte, künstlich hergestellte Werkstoff. Schon zu jener frühen Zeit sind bereits Glasuren auf Gegenständen aus Stein wie z. B. Steatit und aus Fayence hergestellt worden. Der größte Teil all jener Objekte stammt aus Gräbern, wohin sie den Verstorbenen zu deren Verwendung im Jenseits mitgegeben wurden.

Zur Geschichte der 18. Dynastie und der Amarna-Epoche

Die erste nachweisliche Produktion von Glasgefäßen in Ägypten fand in einer historisch äußerst interessanten Zeit statt, die kurz zu skizzieren für den Nichthistoriker interessant sein dürfte. Das Ende des Mittleren Reiches (MR) (2040—1700 v. u. Z.), einer Epoche, die später als klassisch betrachtet wurde, wurde durch eine Revolution, der frühesten in der Menschheitsgeschichte, von der wir wissen, herbeigeführt. Bald darauf drangen fremde Eroberer — die Hyksos — nach Ägypten, die erst nach fast 100jähriger Herrschaft wieder aus dem Land vertrieben werden konnten. Den Kampf um die nationale Unabhängigkeit beendete *Ahmose* (1552—1527 v. u. Z.), der als Begründer der 18. Dynastie (1552—1306 v. u. Z.) gilt und mit der die Epoche des Neuen Reiches (NR) (1552—1085 v. u. Z.) eingeleitet wurde. Das Herrscherbild jener Zeit war im Unterschied zur Vergangenheit von einem ausgesprochen kriegerischen Charakter geprägt, in dem sich die expansive Politik Ägyptens widerspiegelt. Zuerst drang man, lediglich in Verfolgung der Hyksos, bis nach Palästina vor, doch schon *Thutmosis I.* (1506 bis 1494 v. u. Z.) erreichte den Euphrat und war auch bei der Eroberung des Südens erfolgreich. Die außerordentlichen Erfolge wurden begünstigt durch die gegen 1600 v. u. Z. aus Vorderasien nach Ägypten gelangte neue Waffe, den mit Pferden bespannten Streitwagen, und einem zum ersten Mal im Lande aufgestellten Berufsheer. Der kriegerische Pharao *Thutmosis III.* (1490—1436 v. u. Z.) hat die Herrschaft über die bereits vor ihm von ägyptischen Heeren überrannten Gebiete gefestigt, nicht ohne daß er des öfteren zu wiederholtem militärischen Eingreifen gezwungen war. Von Weitsicht und politischem Geschick erfüllt, gelang es ihm, Ägypten zum bedeutendsten Staat jener Zeit im gesamten vorderasiatischen und mediterranen Raum zu machen. Es begann eine glanzvolle Epoche jenes Weltreiches, um dessen Freundschaft u. a. die Herrscher von Mitanni und Babylon warben. Ägypten hatte nunmehr engen Kontakt nicht nur mit Palästinensern und Syrern, also Bewohnern der eroberten Gebiete, sondern auch mit Vertretern Mesopotamiens und selbst Kleinasiens. So fanden nicht nur fremde Sitten im Land am Nil Eingang, sondern es kamen auch Produkte und sicher auch neue Produktionsverfahren nach Ägypten.

Die siegreichen Pharaonen der 18. Dynastie fühlten sich verpflichtet, den Göttern des Landes einen Teil ihrer unermeßlichen Einkünfte zu überweisen. So wurde die Priesterschaft, voran die des Reichsgottes *Amun*, zu einem wirtschaftlichen Machtfaktor und nahm ständig steigenden Einfluß auf die Politik des Königshauses. So kam es zwischen dem nach absolutistischer Machtfülle strebenden Herrschertum und der Priesterschaft zu Spannungen, die ihren Höhepunkt unter *Amenophis IV.* erreichten und in einem offenen Konflikt gipfelten.

Amenophis IV. (1364—1347 v. u. Z.) förderte schon in den ersten Jahren seiner Herrschaft den relativ jungen Kult des Sonnengottes *Aton*, der in Gestalt einer Sonnenscheibe verehrt wurde, deren Strahlen in segnende Hände auslaufen, indem er ihm in Theben ein Heiligtum errichtete. Doch schon bald darauf erhob er ihn zum alleinigen Gott Ägyptens, verfolgte die alten Gottheiten des Landes, ließ deren Tempel schließen und ihre Namen aushacken. Seinen eigenen Namen, der „Amun ist zufrieden" bedeutet, änderte er in *Echnaton*, „Wohlgefällig ist es dem Aton", und verlegte die Residenz von Theben, der Stadt des Amun, nach Mittelägypten. Dort gründete er Achet-Aton „Horizont des Aton", das heute als Tell-el-Amarna weltbekannt ist und einer Epoche den Namen gab.

Diese neue Residenz, von *Echnaton* in seinem 6. Regierungsjahr (mit neun Jahren zur Regierung gekommen) gegründet, blieb für die folgenden zwölf Jahre seiner Herrschaft besiedelt. Im ersten Jahr des Nachfolgers *Tutanchamun*, eines Schwiegersohnes des *Echnaton*, wurde die Reformation eingeleitet und die Stadt wieder verlassen. Die alten Tempel öffneten wieder ihre Tore, die ausgehackten Götternamen wurden erneuert, das Andenken an *Echnaton*, den „Ketzer von Achet-Aton", dagegen mit Unbarmherzigkeit verfolgt. Achet-Aton verfiel, und der Sand der Jahrtausende bedeckte ihre Ruinen. Da an dieser Stelle keine größeren Siedlungen mehr errichtet wurden, konnte bei den im vergangenen Jahrhundert begonnenen Ausgrabungen eine komplette Stadt mit ihren Palästen, Wohnhäusern und Gehöften freigelegt und rekonstruiert werden. Ihre ehemaligen Bewohner hatten mehr oder weniger hastig Achet-Aton verlassen, und die zurückgebliebenen Gegenstände ermöglichen es uns, ein anschauliches Bild von ihren Lebensgewohnheiten zu gewinnen.

Zur Glasherstellung im Neuen Reich

Obwohl Glasuren bereits in vorgeschichtlicher Zeit bekannt waren, sind echte Glasschmelzen erst in der 18. Dynastie hergestellt worden. Die bisherigen Ansichten, daß Glas schon vor dem 16. Jh. v. u. Z. in Ägypten bekannt war, gründen sich auf Fehldatierungen und nicht einwandfrei bestimmbare Objekte. Erst seit dem 16. Jh. finden sich Glasperlen und -amulette in einwandfrei zu datierenden Gräbern. Die ältesten Glasgefäße stammen aus der Zeit des Königs Thutmosis III. und sind in erstaunlichem Maße vollendet. Da sich die dazugehörigen Vorstufen (bisher) nicht nachweisen ließen, liegt der Verdacht nahe, daß die Technik der Glasherstellung von außen nach Ägypten gelangte, zumal beispielsweise in Assur derartige, dem 3. Jahrtausend zuzuordnende Reste von vorgefritteten Zwischen- oder Vorstufen der Glaserzeugung gefunden wurden. Allerdings sei gesagt, daß der Ägypter auf Grund seiner technischen Möglichkeiten zur Erfindung der Glasschmelztechnik ohne fremde Hilfe in der Lage gewesen wäre [1].

Es ist auffällig, daß die Ägypter nirgends etwas über die Herstellung von Glas gesagt haben, (im Gegensatz zu den Assyrern, von denen darüber Keilschrifttexte aus dem 17. und 7. Jh. v. u. Z. vorliegen). Das läßt den naheliegenden Schluß zu, daß das Verfahren geheim gehalten wurde und wahrscheinlich ein Privileg der Priester, eher aber noch des Königshauses gewesen sein muß. Der größte Teil aller Gefäße, von denen etwa 850 Stück unversehrt auf uns gekommen sind, während in den Museen der ganzen Welt zahllose Scherben von Tausenden von Flaschen oder Schalen lagern, ist in Königsgräbern, in Gräbern von Höflingen oder in Werkstätten in der Nähe der königlichen Paläste gefunden worden. Aus zeitgenössischen Inschriften geht hervor, daß Glas hoch bewertet wurde und neben Lapislazuli gleich nach Gold und Silber rangierte. Die bei nichtköniglichen Personen gefundenen Glasgefäße dürften als beliebte und begehrte Geschenke des Königs angesehen worden sein.

Interessanterweise läßt sich feststellen, daß die Glasproduktion in Ägypten in der Blütezeit des Neuen Reiches ihren Höhepunkt erreichte und daß mit zunehmendem Verfall des Landes und dem Sinken königlicher Macht auch diese zurückging und mit der 21. Dynastie (ca. 1200 bis 1085 v. u. Z.) aufhörte.

Ihren höchsten Stand erreichte die Glasproduktion in der kurzen Epoche von Amarna, aus der auch die ersten Glaswerkstätten nachgewiesen werden konnten. Ein großer Teil der in Amarna gefundenen Fragmente von Vasen oder Schalen stammt nicht aus offiziellen Gebäuden, sondern aus den Wohnhäusern der Höflinge, Priester und einiger weniger Künstler.

2. Die Grabungen der Deutschen Orient-Gesellschaft in Tell-el-Amarna

Gegen Ende der achtziger Jahre des vergangenen Jahrhunderts tauchten im Altertumshandel Tontafeln mit Keilschrifttexten auf, die zufällig von Sebakh-Gräbern (Sebakh = Düngererde) in Amarna gefunden wurden. Der englische ,,Egypt Exploration Fund" beschloß daraufhin, dort Grabungen durchzuführen, die in den Jahren 1891/92 unter der Leitung von W. Flinders Petrie stattfanden. Nachdem die erhofften Funde ausblieben, wurden archäologische Arbeiten in Amarna vorläufig nicht mehr durchgeführt, obwohl von Sebakh-Gräbern immer wieder beachtliche Stücke entdeckt wurden. So tauchten um 1904/05 im Kunsthandel mehrere interessante Werke aus Amarna auf, die deutsche Ägyptologen veranlaßten, eine nochmalige Durchforschung des Ortes in Form einer Flächengrabung durchzuführen. Die Arbeiten, die später zu wahrhaft sensationellen Entdeckungen führen sollten, standen unter Leitung der Deutschen Orient-Gesellschaft (DOG). Nach Beantragung der Lizenz und ihrer Erteilung durch das Comité' d'Archéologie fanden im Winter 1906/07 und im Frühjahr 1908 Voruntersuchungen und Probegrabungen statt. Die eigentlichen Ausgrabungen begannen im Jahre 1911 und dauerten bis 1914, als der ausbrechende Weltkrieg allen deutschen Unternehmungen in Ägypten ein Ende setzte. Zu dem von der DOG ausgegrabenen Teil der antiken Stadt gehörte vor allem das Wohnviertel mit Häusern der hohen Beamten, der Priester und Handwerker. Dabei konnten auch einige Bildhauerwerkstätten mit vielen angefangenen, halbfertigen oder nahezu vollendeten Kunstwerken freigelegt werden. In den Häusern befanden sich viele Dinge des täglichen Lebens, die den damaligen Bewohnern nicht des Mitnehmens wert erschienen oder in der Eile vergessen wurden.

Die von der DOG gemachten Funde, unter denen sich Kunstwerke befinden, die in keinem Werk über ägyptische Kunstgeschichte fehlen, wurden zwischen Ägypten und Deutschland geteilt und gelangten in die Museen von Kairo und Berlin.

Die uns in diesem Zusammenhang interessierenden Objekte aus Glas, Gefäßbruchstücke, Ohrringe, Perlen, Amulette, Anhänger, ,,Knöpfe", Einlagen oder die als Rohmaterial verwendeten Glasstäbchen wurden in der Hauptsache nach Berlin überwiesen.

Der größte Teil der aufgefundenen Objekte wurde an Ort und Stelle in ein Fundjournal eingetragen, doch mußte bei der in Berlin begonnenen Aufarbeitung des Materials festgestellt werden, daß mehrere hundert, vielleicht sogar mehrere tausend Objekte damals nicht mitaufgenommen wurden. Das jetzt im wesentlichen magazinierte Amarnamaterial ist in seiner Gesamtheit bis heute noch nicht wissenschaftlich bearbeitet und publiziert worden. Lediglich die erstrangigen Kunstwerke machen hiervon eine Ausnahme. Diese Tatsache ist um so bedauerlicher, als sich darunter manche Stücke befinden, die zur Geschichte und Kultur der kurzen Amarnaperiode neue Aufschlüsse liefern würden.

Von den im folgenden untersuchten Glasgegenständen sind nicht alle mit einer Fundangabe versehen, auf Grund ihrer äußeren Beschaffenheit, der Ähnlichkeit mit inventarisierten Stücken und anderer Indizien kann aber ihre Herkunft aus Tell-el-Amarna und damit ihre Datierung in die Zeit um 1358–1347 v. u. Z. mit Sicherheit angenommen werden. Die genauen Fundumstände bleiben allerdings unbekannt.

In den letzten Jahren hat das Interesse am altägyptischen Glas zugenommen. So ist auch das Berliner Material einer zweifachen Sichtung unterworfen gewesen. T. E. Haevernick, Mainz, und B. Refior, Bad Homburg, haben eine Reihe von bisher unnumerierten Gefäßbruchstücken und ein im Haus N 48,3 in Amarna gefundenes Glasstäbchen bei ihrer Durchsicht mit einer provisorischen Nummer versehen, die im Abbildungsverzeichnis angegeben wurde, um eine spätere Identifizierung zu ermöglichen.

Ein wichtiges Ergebnis der von K. Kühne durchgeführten Untersuchungen ist die Feststellung von Kobalt in einigen Glasstäbchen, auf die hier schon hingewiesen sei. Dieses Element, dessen Vorhandensein in Ägypten überaus selten ist, fehlt auffälligerweise bei den meisten ägyptischen Glasgefäßen, gleich, aus welcher Zeit sie stammen. Das Vorhandensein von Kobalt in allen untersuchten blauen Glasstäbchen aus Amarna ist recht merkwürdig. Eine plausible Erklärung dafür glaube ich nur in der Tatsache sehen zu können, daß die Stäbchen, die ja eine Art Rohmaterial darstellten und zum Auflegen oder Eindrücken farbiger Dekors verwendet wurden, nicht aus Amarna stammen, sondern vielleicht als königliches Gastgeschenk oder als Tribut von einem der Souveräne Vorderasiens nach Ägypten gelangten. Wir haben oben bereits davon gesprochen, wie wertvoll Glas zu jener Zeit gewesen ist, so daß die vorgeschlagene Erklärung nicht ganz von der Hand zu weisen ist, wenn sie auch durch die ägyptischen Quellen nicht bestätigt wird. Als Herkunftsland käme natürlich nur ein Gebiet in Frage, in dem Kobalt gefunden wurde.

Die nachfolgende, mit modernen Methoden durchgeführte Untersuchung von Fayencen und Gläsern aus dem alten Ägypten liefert uns neue Kenntnisse über den Stand des Wissens und der Technik von Menschen, deren Kultur längst vergangen ist, die aber nicht ohne Einfluß auf die antike Mittelmeerwelt und das nachantike Europa geblieben war. Die für die Untersuchung notwendig gewordene enge Zusammenarbeit zwischen Vertretern einer gesellschaftswissenschaftlichen und einer naturwissenschaftlichen Disziplin hat sich als äußerst fruchtbar und für beide Bereiche ergebnisreich erwiesen. So sei der Wunsch geäußert, daß dieser begrüßenswerte Auftakt Fortsetzung finden möge.

3. „Ägyptische Fayencen“ (Kieselkeramiken)

3.1. *Die chemische Zusammensetzung und der physikalisch-technische Aufbau*

Kieselsäure und silikatische Verbindungen formen zu 80 ··· 90% die äußere Hülle unserer Erde und stehen somit unmittelbar mit dem Lebensraum des Menschen seit Urbeginn in direkter Verbindung. Was liegt näher, als diese Stoffe in ihrer mannigfaltigen Form als Gebrauchsmaterialien einzusetzen und sie durch mechanische oder chemische Veränderungen den Erfordernissen und Bedürfnissen anzupassen. Waren es zunächst rein mechanische Manipulationen, wie das Behauen und Schleifen von Steinen, so waren mit der Nutzbarmachung des Feuers chemische Reaktionen möglich, die in ihrer technisch einfachsten Form, im Brennen eines Tones, bestanden. Damit gelang es, Gegenstände zu formen, die dem täglichen Gebrauch dienten und den Notwendigkeiten, z. B. dem Aufbewahren von Flüssigkeiten etc. zunächst gerecht wurden. Der rein praktischen Nutzanwendung folgte die künstlerische Gestaltung in Form und Farbe. Eine besondere Notwendigkeit, die Porosität der einfachen, durch Brennen von Ton erzeugten Töpferwaren soweit zu vermindern, daß auch Flüssigkeiten über längere Zeiten darin verwahrt werden können, wird besonders in den wärmeren Ländern der Erde bestanden haben. Zufall und zweifellos zielgerichtete Experimente führten schließlich zu Glasuren oder glasurähnlichen Überzügen, die ihrerseits Anreiz zur weiteren Entwicklung, z. B. zur Herstellung von Kult- und Schmuckgegenständen gaben. Hierüber berichten LUCAS und andere Autoren ausführlich [2].

Die entwicklungsgeschichtlichen Zusammenhänge, besonders aber die zeitlichen Folgen der einzelnen Entwicklungsstufen der Verwendung und Nutzbarmachung silikatischer Stoffe lassen sich verfolgen — allerdings mit einer nicht vermeidbaren Fehlergröße — durch ein eingehendes naturwissenschaftliches Studium der uns noch heute erhaltenen Materialien und Gegenstände aus frühester Zeit, wobei Versuche zur experimentellen Reproduktion entscheidend zur Lösung dieser Fragen beitragen.

Ausgrabungen in Ägypten und dem Vorderen Orient brachten Gegenstände zu Tage, die hinsichtlich ihrer stofflichen Zusammensetzung seit langem ein besonderes Interesse erweckten, da die Methoden ihrer Herstellung besonders unter den technischen Bedingungen des Altertums problematisch erschienen. Diese Werkstoffe, als „ägyptische Fayence“ bezeichnet, haben wenig Gemeinsamkeiten mit den Stoffen, die wir heute unter dem Begriff Fayence zusammenfassen und die aus rot- oder gelbbrennenden Tonen hergestellte Kunsttöpferwaren mit einer deckenden Bleioxid- und Zinndioxid-haltigen Glasur darstellen. Ägyptische Fayencen, bereits in vorgeschichtlicher Zeit (4. Jahrtausend v. u. Z.) erzeugt, haben ihren Ursprung in Ägypten oder im Vorderen Orient. Sie stellen ein hoch kieselsäure- besser quarzhaltiges Produkt dar, bei dem die Quarzteilchen durch anorganische Bindemittel untereinander verbunden sind. Die chemische Zusammensetzung dieser Stoffe wurde vielfach untersucht, und es lassen sich aus den veröffentlichten Analysenergebnissen [2, 3] und [4] folgende Grenzzusammensetzungen entnehmen:

SiO_2	90 ··· 95%	MgO	0,0 ··· 0,1%
Al_2O_3	1,0 ··· 2,4%	Alkali	0,6 ··· 2,5%
Fe_2O_3	0,1 ··· 0,4%	Farboxide	0,1 ··· 1,5%
CaO	0,6 ··· 1,7%		

Wie hieraus ersichtlich, ist der überwiegende Bestandteil aller ägyptischen Fayencen Siliziumdioxid, während andere Komponenten in untergeordneten Konzentrationen enthalten sind.

Die in der Literatur beschriebenen und vielfach untersuchten ägyptischen Fayencen, aus denen alle nur erdenklichen Gegenstände wie Amulette, kleine Kultgegenstände, Platten mit reliefartigen Darstellungen, Schmuckstücke, Gefäße etc. hergestellt wurden, zeigten starke Unterschiede hinsichtlich der Härte des Materials, ihrer Farbgebung und Verarbeitungsmethodik. Allen diesen, wenn auch noch so unterschiedlich aussehenden Materialien liegt jedoch — wie Untersuchungen zeigen konnten — ein einheitliches Prinzip des Aufbaues und der stofflichen Basis zugrunde.

Ägyptische Fayencen bestehen aus einem Grundkörper, der bei den verschiedenen Produkten aus unterschiedlich fein gemahlenem Quarz aufgebaut ist, bei dem die Quarzpartikel im allgemeinen nicht die abgerundete und geschliffene Form von Sandkörnern aufweisen, sondern scharfkantige Splitter unterschiedlicher Größe ($\sim 10 \cdots 100\ \mu m$) darstellen. Bei relativ „groben" Fayencen lassen sich jedoch neben solchen scharfkantigen und feinen Quarzsplittern auch wenig beschädigte Sandkörner und oftmals sogar recht grober Sand ($500\ \mu m$) nachweisen. Das Ausgangsmaterial hierzu ist also in vielen Fällen einfacher Sand gewesen, der mehr oder weniger sorgfältig gemahlen wurde. In anderen Fällen besonders bei farblosen, dichten und relativ harten Fayencekörpern fand feinstzerkleinerter Kiesel, wie er in mehr oder weniger durchsichtiger Form als Flußkiesel in Wasserläufen zu finden ist, Verwendung. Diese häufig graubraunen, leicht ockergelben, schwach blauen, gelben, grünen, selten roten, meist jedoch weißen Grundkörper sind mit einer Glasur überzogen. Bei sehr vielen ägyptischen Fayencen finden sich jedoch zwischen dem Kern und der Glasurschicht weitere, meist farbige, relativ dünne Schichten, deren Grundbestandteil wiederum feinstgemahlener Quarz ist.

Der gleiche, als ägyptische Fayence bezeichnete Werkstoff wird von den Assyriologen „Fritte" genannt [5]. Von Burton [6] wurde für alle diese Stoffe die Bezeichnung „glasierte Kieselware" (glazed siliceous ware) vorgeschlagen. Weder die Bezeichnungen Fritte noch Fayence geben die für diesen Werkstoff charakteristischen Merkmale richtig wieder, da es sich weder um einen aus Ton gefertigten Körper handelt, noch um ein gefrittetes Produkt im Sinne unserer heutigen Definition. Die Bezeichnung „glasierte Kieselware", die Burton wählte, trifft dagegen die besonderen Spezifika dieses Materials weitaus besser. Da jedoch auch unglasierte, farbige, sehr dichte Materialien nach dem genannten Prinzip hergestellt wurden und für all diese Stoffe ein einheitliches Grundprinzip des Aufbaues gegeben ist, erscheint hierfür die Sammelbezeichnung „Kieselkeramik" angebracht. Bei der Wahl dieser Bezeichnung wurde davon ausgegangen, daß unter einer Keramik im klassischen Sinne allgemein ein Kunstprodukt zu verstehen ist, bei dem über ein meist glasiges Bindemittel feinverteilte, hochschmelzende Stoffe, wie Mullit, Kaolin etc. zu einer festen, nicht durchsichtigen Masse vereinigt sind. Weiterhin berechtigt die Methode zur Herstellung und Bearbeitung des Materials — wie noch gezeigt wird — zu der Bezeichnung Keramik. Das Wort Kieselkeramik grenzt darüber hinaus grundsätzlich von der klassischen Keramik ab und weist auf den Hauptbestandteil Kieselsplitt, d. h. mehr oder weniger fein gemahlenen Sand oder anderes Quarzmaterial hin. Im folgenden soll dieser Begriff an Stelle von ägyptischer Fayence oder Fritte zur Bezeichnung des vorstehend beschriebenen Materials benutzt werden.

Wie aus der Literatur [2, 3] und [4] ersichtlich ist, bestehen nicht einheitliche Vorstellungen über den Herstellungsprozeß der Kieselkeramiken, obgleich hier bereits mögliche Wege durchaus richtig angedeutet wurden. Im folgenden soll über Arbeiten berichtet werden, die der chemischen und physikalischen Charakterisierung der uns aus dem Altertum überlieferten Kieselkeramiken dienen unter besonderer Berücksichtigung der technisch möglichen Herstellungsbedingungen. Die Untersuchungen hierzu wurden angeregt durch Arbeiten, die im Institut für Silikatforschung der DAW mit dem Ziel der Herstellung von Baustoffen unter Verwendung von Glas und Sand durchgeführt wurden [7]. Die hierdurch gewonnenen Erkenntnisse über die

Mechanismen der Verbindungsmöglichkeiten dieser chemisch und physikalisch unterschiedlichen Stoffe ließen vermuten, daß entwicklungshistorische Beziehungen zwischen den im Altertum hergestellten Kieselkeramiken und der sich zeitlich daran anschließenden und dann parallel dazu laufenden Entwicklung des Glases bestanden haben müssen.

Die für eine Untersuchung verfügbaren ägyptischen Kieselkeramiken wurden der Sammlung der Ägyptischen Abteilung der Staatlichen Museen zu Berlin entnommen. Einige gehören zu den in Tell el Amarna 1911 bis 1914 gemachten Funden der Deutschen Orientgesellschaft. Zur näheren Untersuchung gelangten Bruchstücke eines Fingerringes (Abb. 1), einer beiderseitig glasierten Platte von 1,6 cm Stärke (Abb. 2 und 3) sowie walzenförmige Kettenglieder und Ringplatten (Abb. 4 und 5) mit unterschiedlicher Färbung. Darüber hinaus wurden Kieselkeramiken anderer Fundorte, die früheren oder späteren Herstellungsepochen entstammen, vergleichend untersucht. Diese Objekte wurden freundlicherweise von T. E. Haevernick zur Verfügung gestellt. Es handelt sich hierbei um folgende Einzelstücke:

a) Gefäßbruchstück, weißer Kern mit weißer, sehr poriger und stark verwitterter Glasur, aus Babylon (2. Jahrtausend v. u. Z.).
(Abb. 6 Mitte)

b) Bruchstück eines Pavianköpfchens, hellgraue Kernsubstanz mit hellblauer Außenschicht ohne Glasur; Ägypten; 18. Dynastie.
(Abb. 6 rechts unten)

c) Röhrenperle mit dunkelgrauen und hellgelben Glasurstreifen, Kernsubstanz ist dunkelbraungrau, sehr dicht; Assur, 1100 v. u. Z.
(Abb. 6 links unten)

d) Kugelperle mit weißer Kernsubstanz, mit Resten einer schwarzen Glasur auf der Oberfläche; Kompolje/Jugoslawien, 7.—8. Jahrhundert v. u. Z.
(Abb. 6 links oben)

e) Kugelperle mit Rillen, grünbraune Kernsubstanz, rotbraune Außenschicht; Regensburg, 1. Jahrhundert n. d. Z.
(Abb. 6 rechts oben)

Die genannten Kieselkeramiken — ganz unterschiedlichen Verwendungszwecken dienend — stellen einmal ein feines und sorgfältig bereitetes und verarbeitetes Material für Schmuckzwecke dar und zum anderen ein in größeren Quantitäten in relativ grober Ausführung gefertigtes Material, das als Baustoff im weitesten Sinne Verwendung fand. Für den erstgenannten Verwendungszweck besteht die Kernsubstanz aus extrem feingemahlenem Quarzsplitt, während das in großen Mengen hergestellte, für Bauzwecke verwendete Material aus weniger sorgsam zerkleinertem Sand gefertigt ist. Die Kernsubstanz beider Erzeugnisgruppen weist eine mehr oder weniger starke Porosität auf (Abb. 1 und 3), wobei sich selbst größere Hohlräume im Inneren des Materials finden. Die Farbe der Kernsubstanz der untersuchten Kieselkeramiken ist unterschiedlich und reicht von hellblau über gelb und rot bis rein weiß, während die Kerne der grob gefertigten Gegenstände meist eine dunkle, braungraue Schmutzfarbe zeigen.

Die Kerne der Kieselkeramiken sind meist umgeben mit der bereits erwähnten, intensiv farbenen, Quarz- oder Kieselsplitt enthaltenden Hüllschicht, auf die eine entsprechende Glasur aufgeschmolzen ist. Eine Besonderheit stellt die Kieselkeramikplatte (Abb. 2 und 3) dar, bei der zunächst auf die recht grobe Kernsubstanz eine dünne, aus rein weißem Kieselkeramikmaterial bestehende Schicht aufgetragen ist, durch die eine Glättung der Oberfläche erreicht wurde. Erst auf diese Schicht ist eine blaugrün gefärbte Kieselkeramikschicht aufgetragen, die nach außen dann mit einer ebenfalls blaugrünen Glasur versehen wurde. Diese Platte besteht danach im Gegensatz zu anderen Kieselkeramiken aus drei sich voneinander unterscheidenden Schichten, die auf das Kernmaterial aufgebracht sind.

Eine mikroskopische Untersuchung von Dünnschliffen, die von den verschiedenen Kieselkeramiken angefertigt wurden, läßt sehr deutlich diese Schichtung auf Grund ihrer verschiedenen Farben und der teils unterschiedlichen Struktur erkennen (Abb. 7). Im polarisierten Licht dagegen (Abb. 8) verwischen sich die Grenzen besonders der farbig unterschiedlichen Schichten, indem ausschließlich die Quarzkörner infolge ihrer Doppelbrechung als hell leuchtende Körper hervortreten. Wie aus Abb. 7 und 8 ersichtlich ist, ist die Verteilung der Quarzsplitter und Körner in den verschiedenen Schichten der Kieselkeramik vergleichbar. Lediglich ihre Menge ist in der farbigen Schicht geringer als im Kern. Die glasige Außenhaut (Glasur), mit der der gesamte Kieselkeramikkörper überzogen ist, erscheint im polarisierten Licht schwarz, ebenso wie das zwischen den Quarzpartikeln befindliche Bindemittel, wodurch dessen isotroper Charakter erkennbar ist.

Die Anfertigung eines Dünnschliffes von der Kieselkeramikplatte (Abb. 2 und 3) war auf Grund des stark bröckeligen Charakters des Kernmaterials nur unter besonderen Bedingungen möglich. Abb. 9 zeigt eine Mikroaufnahme der Randzone dieser Platte, aus der der sehr unterschiedliche Aufbau hinsichtlich der Korngrößen des verwandten Kieselmaterials für den Kern und die umgebenden Schichten gut erkenntlich ist.

Ein ganz analoger Aufbau des Kieselkeramikmaterials, wie er aus den Abb. 7, 8 und 9 zu ersehen ist, wurde im Prinzip bei allen anderen untersuchten Stücken festgestellt, wobei lediglich Unterschiede hinsichtlich der Anzahl der Schichten, ihrer Färbung und der Menge des Bindemittels ermittelt werden konnten. Es fanden sich besonders bei älteren Kieselkeramiken Stücke, die keine derartigen Zwischenschichten besonderer Färbung aufwiesen und bei denen die Glasur direkt auf die Kernsubstanz aufgebracht war.

Eine besonders interessante und nicht ohne weiteres durch eine chemische Zusammensetzungsanalyse beantwortbare Frage ist die nach dem Bindemittel zwischen den Quarzsplitt-Teilchen. Die für die Herstellung von Kieselkeramiken zur Anwendung gekommenen Temperaturen müssen relativ niedrig gelegen haben, da derartige Stoffe bereits im 4. Jahrtausend v. u. Z. erzeugt wurden. Röntgenographische Untersuchungen ergaben, daß selbst bei den Kieselkeramiken aus jüngerer Zeit keine thermische Umwandlung von Quarz in Christobalit erfolgt ist. Ein solcher Umwandlungsvorgang, der nicht ohne weiteres reversibel ist, läuft bei feinverteiltem Quarz bereits in einem gewissen Umfange bei Temperaturen um 900 °C, besonders in Gegenwart von Alkalien und Erdalkalien, ab, so daß mit großer Sicherheit die Temperaturen des Brennprozesses unter 900 °C gelegen haben müssen, was bedeutet, daß von einem Sinterprozeß der Quarzkörner selber keine Rede sein kann (Schmelztemperatur α- Quarz = 1550 °C). Es muß demzufolge dem Quarzsplitt ein Bindemittel zugegeben worden sein, das sich bei Temperaturen unter 900 °C plastisch verformt bzw. erweicht und mit den Quarzkörnern einen engen, zumindest mechanisch wirksamen Kontakt gibt oder über partielle Oberflächenlösungsreaktionen chemische Bindungen entstehen läßt. Diese Bindungssubstanz muß eine relativ hohe chemische Beständigkeit besonders gegenüber dem Einfluß von Wasser aufweisen und muß darüber hinaus die Fähigkeit besitzen, Schwermetalloxide so aufzunehmen, daß eine entsprechende Farbwirkung auftritt. Solche Eigenschaften, wie sie hier gefordert werden, besitzen im allgemeinen nur Gläser oder glasähnliche Schmelzprodukte.

Die Möglichkeit, daß zur Herstellung der Kieselkeramiken Mischungen aus feingepulvertem Quarz und Glasurmaterial oder glasähnlichen Sinterstoffen Verwendung gefunden haben können, wurde bereits von Beck [3] erwähnt. Eine Beweisführung konnte jedoch bisher hierfür nicht erbracht werden.

Durch eine quantitative Spektralanalyse der sowohl von der Glasur als auch von der darunter liegenden Farbschicht befreiten Kernsubstanz des erwähnten Ringbruchstückes (Abb. 1) konnte folgende Zusammensetzung ermittelt werden:

SiO_2	= 93,0 %	MgO	= 0,18%
Al_2O_3	= 0,3 %	$Na_2O + K_2O$	= 2,9 %
Fe_2O_3	= 0,2 %	CuO	= 1,4 %
TiO_2	= 0,03%	SnO_2	= 0,04%
CaO	= 1,6 %	Rest	= Wasser

Geht man davon aus, daß die zur Amarna-Zeit erschmolzenen Gläser im allgemeinen einen SiO_2-Gehalt von 50 ··· 60% aufweisen (für folgende Überlegungen angenommener Mittelwert = 55%) und berücksichtigt, daß der analytisch ermittelte SiO_2-Gehalt der untersuchten Kernsubstanz sich aus dem Anteil des Quarzsplittes und dem SiO_2-Gehalt des silikatischen Bindemittels zusammensetzt, so ergibt sich ein Mischungsverhältnis von Quarzsplitt: silikatischer Bindesubstanz wie etwa 85 : 15. Betrachtet man alle anderen analytisch ermittelten Bestandteile der Kernsubstanz als dem glasähnlichen Bindemittel zugehörig — was bei Annahme der Verwendung von reinem Flußkiesel zur Herstellung des Quarzsplittes möglich ist — so ergibt sich für das Bindemittel folgende prozentuale Zusammensetzung:

SiO_2	= 55,0%
Al_2O_3	= 2,0%
Fe_2O_3	= 1,34%
TiO_2	= 0,2%
CaO	= 10,8%
MgO	= 1,3%
$Na_2O + K_2O$	= 19,5%
CuO	= 9,4%
SnO_2	= 0,27%

Analoge Rechnungen lassen sich ebenfalls mit einem ganz ähnlichen Ergebnis mit anderen in der Literatur [2] angegebenen Analysenwerten für die Kernsubstanzen sehr unterschiedlicher Kieselkeramiken durchführen, woraus sich dann folgende Mittelwerte für die Zusammensetzung der Bindesubstanzen (gültig für Kieselkeramiken der 18. Dynastie und später) ermitteln lassen:

SiO_2	= 50 ··· 65%
$Fe_2O_3 + Al_2O_3$	= 1,5 ··· 3,5%
$Na_2O + K_2O$	= 15 ··· 20%
$CaO + MgO$	= 8 ··· 12%
Restbestandteile	= 5 ··· 9%

Eine derartige Zusammensetzung entspricht aber durchaus der mittleren Zusammensetzung der Gläser jener Zeit. Entsprechend durchgeführte Reproduktionsversuche zur Erzeugung von Kieselkeramiken, wobei Mischungen aus Quarzsplitt geeigneter Körnung und Gläsern der in der 18. Dynastie üblichen Zusammensetzung Verwen-

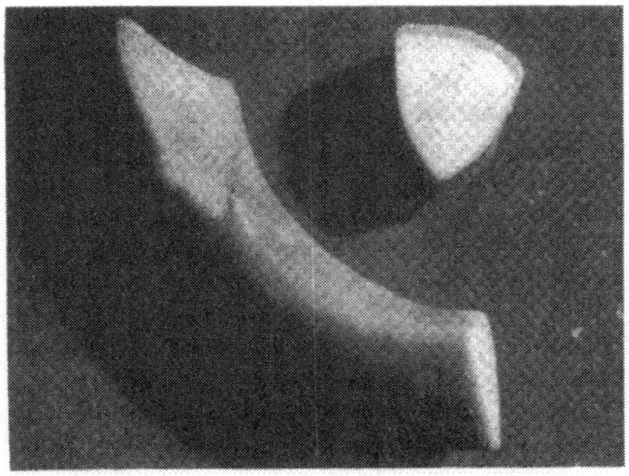

Abb. 1: Teil von einem Fingerring mit blaugrüner Glasur, ohne Nr., Kieselkeramik (Ägyptische Fayence), wahrscheinlich aus den Amarna-Funden (1350 v. u. Z.). (Staatl. Museen Berlin)

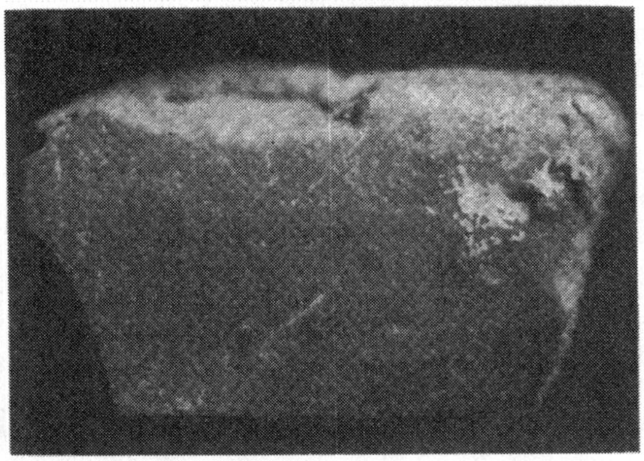

Abb. 2: Bruchstück einer 16 mm starken Platte mit blaugrüner Glasur (Aufsicht), ohne Nr., Kieselkeramik (Ägyptische Fayence), wahrscheinlich aus den Amarna-Funden. (Staatl. Museen Berlin)

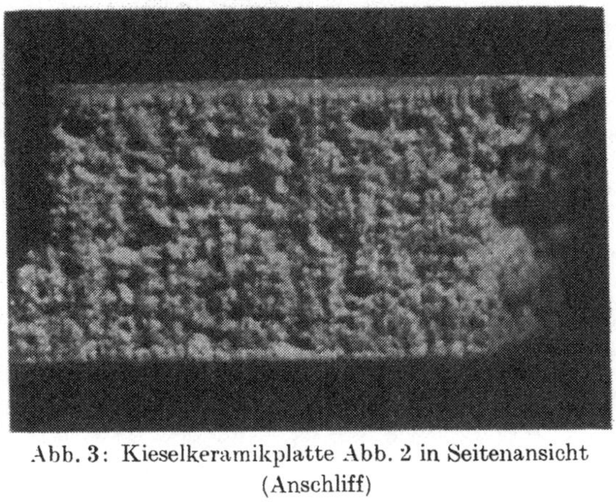

Abb. 3: Kieselkeramikplatte Abb. 2 in Seitenansicht (Anschliff)

Die rel. grobkörnige Kernsubstanz ist zunächst mit einer weißen feinkörnigen Schicht überzogen, auf die eine gleichartige, jedoch grünblaue Schicht aufgelegt ist, die ihrerseits mit einer blaugrünen Glasur überzogen ist

Abb. 4: Röhrenperlen mit blauer Glasur, Kieselkeramik (Ägyptische Fayence), ohne Nr. (Länge 13…17 mm, ⌀3 bis 5 mm), Herkunft unbekannt. (Staatl. Museen Berlin)

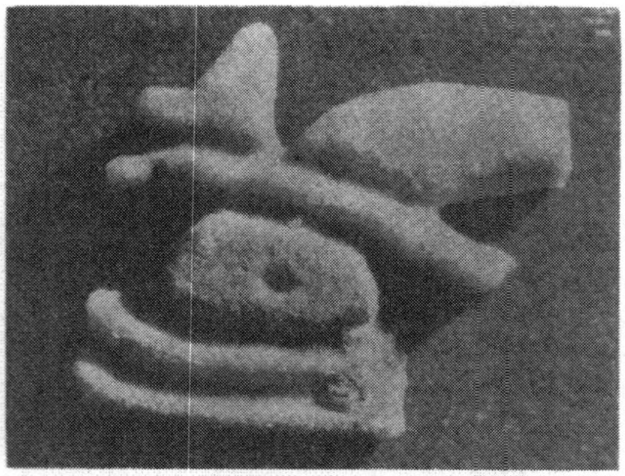

Abb. 5: Platte eines grünglasierten Fingerringes in Form eines Udjat-Auges (heiliges Auge, Schutzsymbol) ohne Nr., Kieselkeramik (Ägyptische Fayence) aus Tell-el-Amarna, 1350 v. u. Z. (Staatl. Museen Berlin)

Abb. 6: Kieselkeramiken verschiedener Herkunft und sehr unterschiedlichen Alters. (Von T. E. HAEVERNICK, Landesmuseum Mainz, zur Verfügung gestellt)

Bildmitte: Gefäßbruchstück, Babylon, 2. Jahrtausend, Nr. 3638 Kieselkeramik (Fritte), weiße Kernsubstanz mit weißer, sehr poriger und stark verwitterter Glasurschicht

Bild unten rechts: Bruchstück eines Pavianköpfchens, Ägypten 18. Dynastie Nr. 3680 Kieselkeramik (Ägyptische Fayence) hellgraue Kernsubstanz, mit hellblauer Außenschicht, nicht glasiert

Bild links unten: Röhrenperle, Assur 1100 v. u. Z. Nr. 2710, Kieselkeramik (Fritte) dunkelbraungraue Kernsubstanz, sehr dicht mit dunkelgrauen und hellgelben Glasurstreifen

Bild links oben: Kugelperle, Kompolje, Jugoslawien, 7. bis 8. Jahrhundert v. u. Z. Nr. 2221, Kieselkeramik, weiße Kernsubstanz mit Resten einer schwarzen Glasur auf der Oberfläche

Bild rechts oben: Kugelperle, Regensburg 1. Jahrhundert n. u. Z. Nr. 1089 Kieselkeramik, grünbraune Kernsubstanz, rotbraune Außenschicht

Abb. 7: Mikroaufnahme einer Kieselkeramik (Dünnschliff, Fingerring Abb. 1 quer), durchfallendes, nicht polarisiertes Licht. Es sind deutlich zu unterscheiden: helle, farblose Kernsubstanz, dunklere farbige Deckschicht und Außenglasur (V = 50 x)

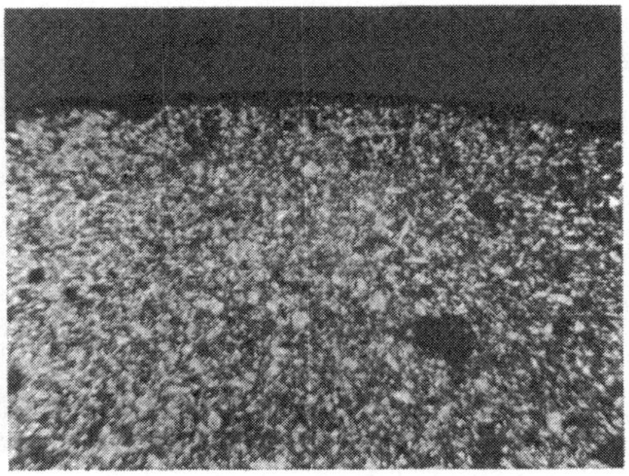

Abb. 8: Mikroaufnahme einer Kieselkeramik (Objekt Abb. 7), im polarisierten Licht (bei gekreuzten Nicols)
Alle Quarzbruchstücke (gemahlener Sand bzw. Kiesel) erscheinen hier als helle Körper während die nicht kristalline, glasige Bindesubstanz infolge ihrer isotropen Eigenschaften, ebenso wie die Außenglasur, schwarz erscheint

Abb. 9: Mikroaufnahme einer Kieselkeramikplatte (Objekt: Abb. 2 u. 3, Dünn-Querschliff, V = 50x)
Es sind deutlich voneinander zu unterscheiden der sehr grob aufgebaute Kern, der große Sandkörner enthält und die aus fein gemahlenem Quarzsplitt mit silikatischem Bindemittel hergestellten Deckschichten. Der Grenzbereich zwischen der weißen Mittelschicht und der darüberliegenden blaugrünen Schicht ist nicht sehr deutlich zu erkennen, da die Lichtintensitätsunterschiede in der schwarz-weiß-Wiedergabe geringfügig sind. Die sehr dünne Glasurschicht auf der Oberfläche erscheint dagegen sehr deutlich

Abb. 10: Mikroaufnahme einer im Laboratorium gefertigten Kieselkeramik, die im strukturellen Aufbau von antiken Kieselkeramiken nicht unterscheidbar ist (V = 50x)

dung fanden im Verhältnis Quarzsplitt: Glaspulver wie 70 : 30 bis 90 : 10 haben ergeben, daß in der Tat Produkte entstehen, die mit den antiken Kieselkeramiken absolut vergleichbar sind. Insbesondere Mischungen im Verhältnis 80 : 20 bis 85 : 15 entsprechen sowohl hinsichtlich der Bruchfestigkeit als auch im Hinblick auf das mikroskopische Erscheinungsbild den Kieselkeramikkörpern der 18. Dynastie (Abb. 10). Die Mischung aus Quarzsplitt und Quarzpulver wird zum Zwecke einer Formgebung mit einem organischen Bindemittel (Stärkekleister, Pflanzengummi etc.) entsprechend der anzuwendenden Bearbeitungsmethode angefeuchtet und zeigt dann einen gut plastischen, mit der Hand form- und knetbaren Zustand oder aber ist dickflüssig und in Formen gieß- oder streichbar. Nach dem Trocknen besitzt die Masse durch das organische Bindemittel bedingt eine relativ hohe Festigkeit und kann in diesem Zustand einer mechanischen Feinbearbeitung unterworfen werden. Der Brand erfolgt bei Temperaturen von 700 oder 800 °C in relativ kurzer Zeit, kann jedoch auch bereits bei 600 °C und längerer Zeiteinwirkung mit gutem Erfolg durchgeführt werden. Das fertige Produkt ist weiß oder bei Verwendung von Farbglas entsprechend gefärbt und in jedem Falle porös.

Die auf den Grundkörper aufgetragenen farbigen Schichten unterscheiden sich von ersterem dadurch, daß der hierin enthaltene Anteil an feinem Quarzsplitt geringer und der Anteil an farbigem Bindemittel entsprechend höher ist (Abb. 8). Durch eine sorgfältige Präparation gelang es, Teile dieser farbigen Schichten vom Kern der Kieselkeramik zu isolieren, sowohl bei dem Fingerringmaterial (Abb. 2) als auch bei der Kieselkeramikplatte (Abb. 3 und 4). Eine Abtrennung der Glasurschicht war nicht möglich, da diese eine außerordentlich geringe Dicke aufweist und mit der darunter liegenden farbigen Kieselkeramikschicht untrennbar verbunden ist. Die farbigen Deckschichten einschließlich der Glasur wurden spektralanalytisch untersucht.

	farbige Deckschicht und Glasur (Fingerring)	farbige Deckschicht und Glasur (Kachelplatte)
SiO_2	90,5%	91,6%
Al_2O_3	0,12%	0,14%
Fe_2O_3	0,08%	0,11%
TiO_2	0,02%	0,02%
CaO	0,53%	0,17%
MgO	0,05%	0,08%
Na_2O	4,95%	4,2%
SnO_2	0,14%	0,04%
Mn_2O_3	0,006%	0,003%
CuO	3,24%	3,63%

Ein Vergleich der Analysenergebnisse beider Deckschichtmaterialien läßt eine weitgehende Gleichheit der Zusammensetzung erkennen.

Rechnet man wiederum diese Werte unter Annahme eines Mischungsverhältnisses von Quarzsplitt : Bindemittel wie 80 : 20 um auf ein Glas mit einem SiO_2-Gehalt von 55%, wobei die extrem dünne Glasurschicht hierin einbezogen ist, so ergibt sich für das glasige Bindemittel folgende Zusammensetzung:

SiO_2	= 55,0%
$Fe_2O_3 + Al_2O_3$	= 1,0%
TiO_2	= 0,1%
MgO + CaO	= 2,9%
Alkalioxid	= 24,0%
SnO_2	= 0,7%
Mn_2O_3	= 0,03%
CuO	≐ 16,0%

Ein derartiges Schmelzprodukt ist zweifellos ein Glas oder besser gesagt eine Glasur und weist alle Eigenschaften auf, die von einer solchen zu wünschen sind. Der hohe Alkaligehalt bei gleichzeitig niedrigerer CaO- und MgO-Konzentration bedingt eine leichte Schmelzbarkeit. Die Anwesenheit von 16% CuO – eine ungewöhnlich hohe Konzentration – führt einmal zu einer Dünnflüssigkeit der Schmelze und zum anderen zu einer intensiven Färbung wie sie für solche Zwecke erforderlich ist und die, wie noch gezeigt werden wird, eine nicht blaue sondern mehr blaugrüne Farbtönung ergibt.

Da jedoch Kieselkeramiken wesentlich früher erzeugt wurden als Gläser (die frühesten gesicherten Glasfunde stammen aus der 18. Dynastie um 1450 v. u. Z., während Kieselkeramiken bereits in vordynastischen Zeiten hergestellt wurden), müssen weitere Möglichkeiten gegeben sein, um zu Produkten ähnlicher Zusammensetzung zu gelangen, ohne daß zu deren Herstellung unbedingt Glas erforderlich ist.

Geht man davon aus, daß zur Erzeugung von Glas im wesentlichen drei Komponenten erforderlich sind, nämlich Kieselsäure, Erdalkalioxide und Alkalioxide (vgl. Abschnitt 3.1.—3.2.), und daß die Kieselsäure in Form natürlich vorkommender Sande wie z. B. Wüstensande, die in Ägypten stark wechselnde Zusammensetzungen aufweisen und beträchtliche Mengen an Kalk, Magnesiumverbindungen, Tonerde, Eisenoxide etc. enthalten, zugegeben wird, so ist lediglich noch die Zugabe einer bestimmten Menge Natriumkarbonat erforderlich, um partiell verglasende Sinterkörper analog den Kieselkeramiken daraus zu erhalten. Entsprechend durchgeführte Versuche konnten diesen Sachverhalt durchaus bestätigen. Eine Mischung von

3 g $CaCO_3$
6 g Na_2CO_3
91 g SiO_2 in Form von feingemahlenem Sand

ergibt mit Wasser angefeuchtet eine plastisch verformbare Masse, die nach dem Trocknen auch eine für die weitere Bearbeitung ausreichende Festigkeit aufweist. Ein Brennen bei Temperaturen von 750···850 °C führt zu einem mit den antiken Kieselkeramiken vergleichbaren Erzeugnis. Durch eine nachträgliche Behandlung mit verdünnten Säuren ist ein Herauslösen von Alkali- oder Erdalkalioxid praktisch kaum mehr möglich, was bedeutet, daß zwischen den Komponenten chemische Reaktionen abgelaufen sind und die sich hierbei intermediär bildenden Natrium–Kalzium-Silikate eine Verfestigung des Produktes bewirkt haben. Der auf diesem Weg unter chemisch definierten Bedingungen erzeugte Kieselkeramikkörper besitzt folgende Zusammensetzung:

94,6% SiO_2
3,62% Na_2O
1,75% CaO

Eine dauerhafte Verfestigung des Quarzsplittes ist jedoch nicht erreichbar, wenn entweder nur Na_2CO_3 oder nur $CaCO_3$ dem Quarzsplitt zugegeben wird, wie es mehrfach in der Literatur erörtert wurde [2]. Eine Bindung der Quarzkörner durch Zugabe von ausschließlich Na_2CO_3 in einer Höhe von 5···10% führt zwar zu einer kurzfristigen Verfestigung, da beim Brand Natriumsilikate gebildet werden, die jedoch im Gegensatz zu den Natrium-Kalzium-Silikaten gut wasserlöslich sind und durch Berührung mit Wasser oder Wasserdampf in gelartige Produkte zerfallen, die keine mechanische Festigkeit aufweisen. Andererseits ist eine Bindung des Quarzsplittes durch Zugabe von ausschließlich Kalk durch einen einfachen Brennprozeß bei Temperaturen um 800 °C praktisch ebenfalls nicht möglich.

Ersetzt man bei den oben genannten Versuchen die chemisch reinen Komponenten SiO_2, Na_2CO_3 und $CaCO_3$ durch entsprechende Naturprodukte, wie z. B. Wüstensand, der mit seinen Verunreinigungen bereits alle zur Glasbildung erforderlichen Bestandteile enthält außer den Alkalien (s. Abschnitt 3.5.), so erhält man nach Zugabe von z. B. natürlich vorkommender Soda nach einem entsprechenden Brand Materialien, die in Aussehen, Struktur und Festigkeit den antiken Kieselkeramiken voll entsprechen. Durch bestimmte eisenoxidhaltige Tone, die ebenfalls Bestandteile der Wüstensande sind, bildet sich der braungraue Farbton der Kernsubstanz, der besonders bei den frühen Kieselkeramiken meist in Erscheinung tritt.

Diese Versuche haben gezeigt, daß es also prinzipiell möglich ist, Kieselkeramiken unter Verwendung einfacher, natürlich vorkommender Rohstoffe ohne die Erzeugung glasiger Zwischenprodukte herzustellen.

Die Erzeugung derartiger Kieselkeramiken unter Verwendung reiner mineralischer Naturprodukte wurde aller Wahrscheinlichkeit nach auch noch zu den Zeiten zur Anwendung gebracht, in denen bereits die Herstellung von Gläsern möglich war. Ein Beispiel hierfür ist zweifellos der Kern der mehrfach erwähnten Kieselkeramikplatte (Abb. 2 und 3). Die quantitative Spektralanalyse der Kernsubstanz dieser Platte ergibt folgende chemische Zusammensetzung.

SiO_2	=	97,00%
Al_2O_3	=	0,47%
Fe_2O_3	=	0,40%
Na_2O	=	0,60%
CaO	=	0,72%
MgO	=	0,12%
TiO_2	=	0,06%
CuO	=	0,09%

Ein Versuch, aus der vorliegenden Zusammensetzung ebenfalls ein dem Quarzsplitt-bzw. Sand möglicherweise hinzugefügtes Glas rechnerisch ermitteln zu wollen, mißlingt, ganz gleich welches Mischungsverhältnis hierfür auch angesetzt wird. Die auf rechnerischem Wege ermittelbare Bindesubstanz wäre zwar prinzipiell mit modernen Methoden erschmelzbar, würde jedoch für sich allein ungünstige Verarbeitungseigenschaften besitzen. Bei diesem in großen Quantitäten verarbeiteten Materialien ist auch zweifellos der Einsatz von Glas als Bindemittel wenig wahrscheinlich, da eine Herstellung für derartige Zwecke ganz entschieden zu aufwendig gewesen wäre. Die chemische Zusammensetzung der Kernsubstanz der Kieselkeramikplatte läßt erkennen, daß ein recht ton- und eisenhaltiger Sand, der ebenfalls viele andere Komponenten enthält, mit etwa 40% fein gepulvertem Quarzanteil sowie natürlicher Soda gemischt und sicherlich in feuchtem Zustand zu einer Platte geformt wurde. Wahrscheinlich wurde dieser grobe Plattenkern zunächst gebrannt und somit verfestigt und dann zum Zwecke einer einwandfreien Oberflächengestaltung mit den entsprechenden aus feinem Quarzsplitt und gemahlenen Glasabfällen oder aus analogen Sinterprodukten hergestellten Mischungen — wie bereits beschrieben — überzogen.

Die mikroskopische Untersuchung von Dünnschliffen der in Abb. 6 dargestellten Kieselkeramiken ganz unterschiedlicher Fundorte und Datierungen, die demzufolge teilweise ganz anderen Kulturepochen zuzuordnen sind als diejenigen von Tell-el-Amarna, ergab keine neuen Gesichtspunkte, die auf andere Herstellungsmethoden und Ausgangsstoffe hätten schließen lassen. In gleicher Weise fanden sich Quarzsplitter oder teils recht grobe Sandkörner, die in eine glasige, nicht kristalline Matrix eingebettet sind und die auf der Außenfläche ebenfalls Quarzsplitt enthaltende farbige Deckschichten aufweisen. Besonders Kieselkeramiken („Fritten“) aus Vorderasien zeigen starke Verwitterungserscheinungen und sind brüchig. Unterschiede lassen sich lediglich in der Quantität feststellen, in der Quarzsplitt als Füllstoff und glasige Matrix als Einbettungs- und Bindemittel Verwendung gefunden haben. Eine extreme Abweichung von dem Verhältnis Quarzsplitt zu glasigem Bindemittel von etwa 70 : 30 bis 80 : 20 zeigt die in Abb. 6 dargestellte Perle aus Jugoslawien (7.—8. Jahrhundert v. u. Z.), bei der ein extrem hoher Glasanteil Verwendung gefunden hat und die glasige Matrix gut ausgebildete runde Luftblasen enthält, wie sie beim Sinterprozeß eingeschlossen wurden. Der Quarzanteil — teils recht grobe Sandkörner — beträgt im Höchstfall 30% während die glasige Matrix mit mindestens 70% als Hauptbestandteil angesehen werden muß. Die Quarzkörner sind jedoch keinesfalls unaufgeschlossene Bestandteile der Glasgemenge, da die Phasengrenzen zwischen Quarz und Glas keine Lösungsschlieren aufweisen (Abb. 11).

Die vorliegenden Untersuchungen lassen einige nicht unwesentliche Zusammenhänge zwischen der bereits vordynastischen Erzeugung von Kieselkeramiken und der späteren Erzeugung von Gläsern vermuten. Es konnte festgestellt werden, daß bei Versuchsreihen zur Ermittlung optimaler Zusammensetzungsverhältnisse zwischen SiO_2, $CaCO_3$ und Na_2CO_3 zur Herstellung von

Kieselkeramiken bei denjenigen Mischungen, bei denen der Na_2CO_3-Anteil relativ hoch ist, beim Trocknen der Formkörper eine starke Anreicherung von Soda in der Oberfläche erfolgt. Beim Brennen dieser Formkörper bildet sich hier infolge des hohen Alkaligehaltes eine sehr dichte, teilweise verglasende Kruste mit großer Festigkeit und Härte. Der Weg von der Erzeugung einer Kieselkeramik bis zur ersten gewollten Erzeugung eines Schmelzflusses ist danach lediglich im Mischungsverhältnis von Sand : Kalk : Soda, also in der Quantität und nicht mehr in der Qualität der Komponenten zu sehen.

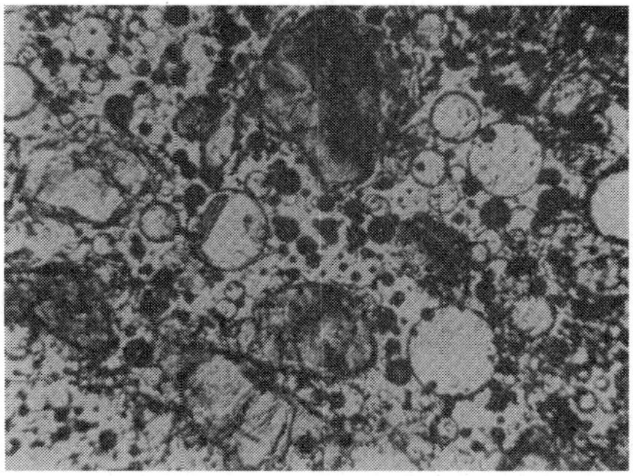

Abb. 11: Mikroaufnahme eines Dünnschliffes der Kieselkeramik Nr. 2221 aus Jugoslawien, 7 bis 8. Jahrhundert v. u. Z. (Abb. 6 links oben)

(Im durchfallenden, nicht polarisiertem Licht V · 50x). Vereinzelte große runde Luftblasen sind durch den Schleifprozeß geöffnet und erscheinen durchsichtig, während nicht geöffnete von der glasigen Matrix noch vollständig umgebene Luftblasen schwarz erscheinen. Die Quarzkörner erscheinen grau und weisen unregelmäßige Formen auf

Es ist nach all dem was uns heute über die Methodik und Arbeitsweise im Altertum bekannt ist, nicht sehr wahrscheinlich, daß der Zufall eine so wesentliche Rolle gespielt hat, wie man oft anzunehmen geneigt ist. Vielmehr erscheint in vielen Fällen eine äußerst systematische und umfassende Erprobung und eine meist zielgerichtete Arbeit im Vordergrund gestanden zu haben. Die besondere Fähigkeit der Beobachtung und Registrierung von an und für sich oft geringfügigen Erscheinungen, wie sie z. B. beim Brennen solcher Kieselkeramiken auftreten können, wird bei der Weiterentwicklung eine nicht unwesentliche Rolle gespielt haben. Das Auftreten glänzender, harter und unter Umständen durchsichtiger Tröpfchen auf der Oberfläche dieser Erzeugnisse, die sicherlich kaum farblos gewesen sind, wird die Veranlassung gegeben haben, dieses interessante und brauchbare Phänomen weiter zu verfolgen, wobei bereits geringfügige quantitative Veränderungen in der Zusammensetzung des Produktes deutlich den Weg gewiesen haben, der zur Verstärkung oder Verminderung solcher Effekte führt.

Im folgenden soll versucht werden, die durch Experimente und Reproduktionsversuche ermittelten Einzeltatsachen vom entwicklungshistorischen Standpunkt aus gesehen zusammenzufassen und ein Bild der Zusammenhänge zu entwerfen, wie möglicherweise die ,,Entwicklungsstufen“ vom einfachen Sinterprodukt bis zur Herstellung des Glases verlaufen sind.

a) Natürlich vorkommende Sande, die neben SiO_2 in wechselnden Mengen $CaCO_3$, Al_2O_3, Fe_2O_3 etc. enthalten, lassen sich durch Vermischen mit natürlich vorkommender Soda unter Hinzufügung von Wasser und nachfolgendem Erhitzen ($\sim$800 °C über mehrere Stunden) stark verfestigen (Entstehung der ersten Kieselkeramiken).

b) Derartige Mischungen werden nach dem Brand mechanisch fester, wenn ein Teil des Sandes zerrieben und als feines Pulver der Mischung zugefügt wird. Eine plastische Verformung und somit Formgebung ist dann ähnlich wie bei Tonen vor dem Brand leicht möglich.

c) Zugabe größerer Mengen von Soda zu derartigen, mit anderen mineralischen Bestandteilen vermischten Sanden bei entsprechender Kornverteilung in der Größenordnung von mehr als 5% bewirkt, daß beim Trocknen der feuchten Mischung in Folge des Wirksamwerdens von Kapillareffekten eine Anreicherung der Soda in oberflächennahen Schichten erfolgt. Hieraus bildet sich beim Brennprozeß eine verglasende Oberflächenschicht, die bereits den Charakter einer Glasur aufweisen kann.

d) Zugabe von kupferhaltigen Verbindungen, wie Grünspan, Malachit oder Kupferoxid oder selbst grüner Kupferschlacke, die aus der Kupfergewinnung resultiert, zu einer Sand-Kalk-Soda-Mischung führt zu einer mehr oder weniger intensiv grünen bis blaugrünen Außenschicht in Verbindung mit den unter c) genannten Effekten, wobei der Kern die bereits erwähnte graubraune Färbung aufweist. Die so erhaltenen Stoffe unterscheiden sich nicht von den ältesten Kieselkeramiken, die bekannt sind.

e) Seperate Erzeugung von farbigen Glasurschmelzen durch Verminderung des Sandgehaltes und Erhöhung des Kalk- und Sodagehaltes unter Zugabe größerer Mengen z. B. kupferhaltiger Stoffe. Hierbei ist die Entdeckung der als „ägyptisch blau" bekannten Verbindung ($CaCuSi_4O_{10}$) sehr naheliegend, die entsteht, wenn ein Gemisch aus 36 Teilen SiO_2, 4 Teilen Na_2CO_3, 8,6 Teilen $CuCO_3$ und 7,2 Teilen $CaCO_3$ bei 850 °C über mehrere Stunden erhitzt wird.

Die separate Herstellung farbiger Glasuren braucht zunächst nicht bis zur Erzeugung eines klaren Schmelzflusses gegangen zu sein, sondern es reicht aus, eine Art Sinterprodukt zu erhalten, bei dem die silikatchemischen Reaktionen abgelaufen sind, so daß beim Auftragen dieses Sinterproduktes in gepulverter und mit Wasser angerührter Form auf die Oberfläche des zu glasierenden Körpers beim Brennen keine Gasblasen auftreten, die die Oberfläche unansehnlich machen.

f) Zunehmende Veränderung der Glasuren hinsichtlich der Zusammensetzungsverhältnisse der drei Hauptkomponenten in Richtung leichterer Schmelzbarkeit und somit Erzeugung klarer glasiger Schmelzflüsse.

g) Verwendung dieser Schmelzflüsse zur gesonderten Verarbeitung und Herstellung von ersten Glaserzeugnissen (18. Dynastie). Andererseits Herstellung hochwertiger Kieselkeramikprodukte durch Verwendung reinen Quarzsplittes unter Zugabe unterschiedlicher Mengen gepulverten Glases.

h) Getrennte Weiterentwicklung von Glas- und Kieselkeramiken.

Das wesentliche an den hier skizzierten Entwicklungsstufen ist die Tatsache, daß ausschließlich drei stoffliche Hauptkomponenten zur Erzeugung der an und für sich recht unterschiedlichen Produkte erforderlich sind und lediglich in der Quantität der Komponenten, dem Erhitzungsgrad und der Erhitzungsdauer Unterschiede bestehen. Die Anzahl der hierfür erforderlichen Naturstoffe reduziert sich auf zwei, wenn man Sande verwendet, die größere Mengen Erdalkalien (CaO und MgO) als natürliche Verunreinigungen enthalten, so daß diese natürlichen „Glassande" lediglich mit einer unterschiedlichen Menge natürlicher Soda gemischt zu werden brauchen, um eine den jeweiligen Erfordernissen entsprechende sinter- bzw. schmelzfähige Mischung zu ergeben.

3.2. Untersuchungen zur Technologie der Erzeugung von Kieselkeramiken

Neben dem stofflichen Aufbau der Kieselkeramiken ist die Methodik der Herstellung, Formgebung und Verarbeitung der in ihrer Qualität sehr unterschiedlichen Materialien von Interesse. Es wurden deshalb auch in dieser Richtung entsprechende Experimente unternommen, um eine Aussage über die vermutliche Art dieser Prozesse machen zu können und zu einer weitgehenden Reproduzierbarkeit zu kommen.

3.2.1 Die Formgebung

Alle Mischungen aus gemahlenem Sand mit einem geeigneten Gehalt an $CaCO_3$ sowie den natürlichen Verunreinigungen und Soda und diejenigen aus Quarzsplitt und Glaspulver lassen sich durch Zugabe von Wasser und einem organischen Bindemittel zu einer plastischen, knet- und modellierbaren oder gießbaren Masse verarbeiten. Die einfachste Formgebung dieser Masse erfolgt durch Modellieren mit der Hand, wobei Modellierhilfen, wie Stützvorrichtungen aus nassem Holz etc., die in den zu modellierenden Gegenstand eingesteckt wurden, Verwendung gefunden haben können. Eine besondere Eigenart dieser hochquarzhaltigen Mischungen ist darin zu sehen — wie später noch gezeigt werden wird — daß beim Trockenprozeß praktisch keine Schwindung, also Volumenverminderung auftritt, wie sie z. B. bei keramischen Massen (Tonen etc.) zu verzeichnen ist. Die Herstellung einfacher, zylindrischer oder ovaler Schmuckkettenglieder ist ebenfalls leicht mit der Hand auszuführen, wobei das zum Auffädeln erforderliche Loch mit Hilfe eines sehr dünnen Holzstäbchens oder Grashalmes, der in die Masse eingewickelt wird und beim Erhitzen verbrennt, erzeugt werden kann. Im Laboratorium durchgeführte Versuche führten zu Röhrenperlen aus Kieselkeramik entsprechend Abb. 12.

Eine weitere, bereits komplizierte Art der Formgebung ist das Eindrücken der plastischen Masse in eine aus gebranntem Ton hergestellte Form [2], (Abb. 13). Läßt man die Masse in der Form trocknen, so haftet sie äußerst fest an der Tonwandung und läßt sich nicht zerstörungsfrei entfernen, wobei die fehlende Trockenschwindung dem Adhäsionsbestreben nicht entgegenwirkt. Beim Brennen wird die adhäsive Bindung der Kieselkeramikbestandteile an die Tonwandung der Form durch eine Versinterung ersetzt, und es gelingt überhaupt nicht mehr, den Formling aus der Form zu entfernen. Während des Abkühlens reißt dann zwar infolge der unterschiedlichen Ausdehnungskoeffizienten beider Materialien der Formling von der Form ab, jedoch keinesfalls zerstörungsfrei, und ein großer Teil der „äußeren Haut" des Formlings bleibt fest mit der Form verbunden.

Zwei Wege bieten sich an, um eine Trennung des Formkörpers von der Form zu erreichen:

a) Starkes Einfetten der Tonform, z. B. mit Hartfetten oder Bienenwachs, die in kaltem Zustand fest sind. Eindrücken der plastischen Kieselkeramikmasse in die gefettete Form und trocknen lassen. Der Formkörper läßt sich nach geringfügigem Erwärmen und dem dadurch hervorgerufenen Schmelzen der Wachs- oder Hartfettschicht aus der Form herausnehmen, und das Brennen erfolgt außerhalb der Form.

b) Die Form wird mit einer hitzebeständigen, beim Brennen nicht an der Form festhaftenden, pulverförmigen Substanz eingestrichen, die zunächst jedoch durch ein organisches Bindemittel (Leim, Pflanzengummi etc.) fest auf der Formoberfläche fixiert sein muß. Die plastische Kieselkeramikmasse wird nunmher fest in die Form eingedrückt und nach dem Trockenprozeß in der Form gebrannt. Form und Formkörper lassen sich danach leicht voneinander trennen.

Beide Verfahren werden praktisch zur Anwendung gekommen sein. Verfahren *a)* wahrscheinlich in früherer Zeit, als noch ausschließlich Kalk-Soda-Sand-Mischungen Verwendung gefunden haben. Würde man eine solche Mischung in eine flüssigkeitsansaugende Tonform bringen, selbst wenn sie mit einem Trennmittel gemäß Methode *b)* bestrichen ist, so würde die im Wasser gelöste Soda mit dem Wasser in die Form eingezogen werden! Untersuchungen einiger Tonformen, die

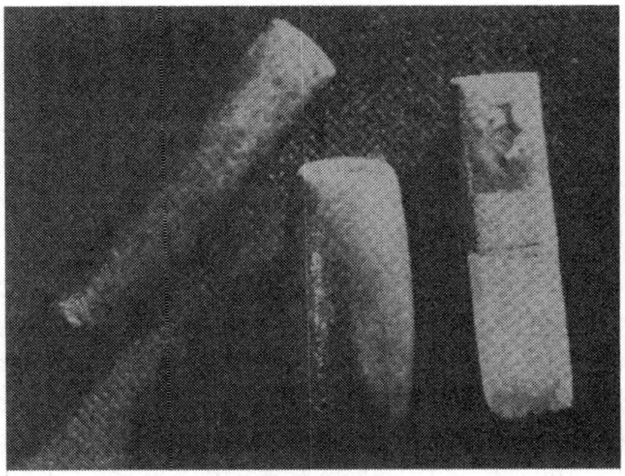

Abb. 12: Röhrenperlen aus Kieselkeramik nach angegebenem Verfahren im Laboratorium hergestellt (Länge ~1 cm, Lochdurchmesser kleiner als 1 mm)

1. Kernkörper aus Kieselkeramik, im unteren Teil ohne farbige Zwischenschicht und Glasur, im Mittelteil mit farbiger Zwischenschicht ohne Glasur und im oberen Teil mit Zwischenschicht und Glasur
2. u. 3. mittlere und linke Perle sind mit Zwischenschicht und Glasur versehen und antiken Vorbildern nachgebildet

Sowohl die farbige Zwischenschicht als auch die Glasur sind durch Tauchen des Kernes in entsprechend zusammengesetzte „Schlicker" hergestellt. Die mittlere Perle wurde sowohl nach dem Auftragen der Zwischenschicht, als auch nach Auftragung der Glasur gebrannt (insgesamt 3 Brände), während bei der rechten Perle Zwischenschicht und Glasur in einem Brande verfestigt wurden (insgesamt 2 Brände)

Abb. 13: Form für eine Figur des Gottes „Nefertem" ohne Nr., Ton, Spätzeit (etwa 6. bis 2. Jahrh. v. u. Z.) und die darin im Laboratorium abgeformte Figur aus Kieselkeramik

von der Deutschen Orientgesellschaft in Tell el Amarna gefunden wurden, zeigten Reste von Trennsubstanzen, die sich noch in den Formen befanden. Auf Grund einer chemischen Analyse konnte ermittelt werden, daß es sich hierbei im wesentlichen um Mischungen aus Zinndioxid und feinstgemahlenem Quarzpulver handelt. Vergleicht man die teilweise mit allen Feinheiten der Konturen hergestellten antiken Formen mit den antiken Formlingen aus Kieselkeramikmaterial, so stellt man eine deutliche Unschärfe der Konturen beim Formling gegenüber der Form fest, was nicht zuletzt auf das aufgestrichene Entformungsmittel zurückzuführen ist.

Für die Herstellung von Hohlkörpern, wie Gefäßen oder Flaschen etc., aus Kieselkeramik war eine weitere Formgebungstechnik erforderlich. Während solche Gegenstände auf der Außenseite meist vielgestaltige, erhabene oder vertiefte Dekore aufweisen, die nicht mehr durch eine nachträgliche Bearbeitung erzeugt werden konnten, zeigt die Innenseite meist eine relativ unebene und Streichspuren aufweisende Oberfläche. Ebenso ist die Wandstärke des Kieselkeramikscherbens meist ungleichmäßig. Derartige, relativ dünnwandige Formkörper lassen sich dadurch herstellen, daß die plastische Kieselkeramikmasse in eine entsprechend vorbereitete Tonform eingestrichen wird. Formen für die Herstellung von Hohlkörpern, die einen sich oben verengenden Hals aufweisen, können nur als Halbformen ausgebildet gewesen sein, und das Gefäß bestand zunächst aus zwei Halbteilen, die nach einem heute noch in der Keramik üblichen Engobierverfahren relativ leicht aneinandergesetzt und dicht miteinander verbunden werden können.

3.2.2 Die Erzeugung von Farbschichten und Glasuren auf dem Kieselkeramikgrundkörper

Wie bereits mitgeteilt, bilden sich türkisfarbene Glasuren und Schichten bei der Verwendung von Sand-Kalk-Soda-Mischungen, deren Sodagehalt relativ hoch liegt, denen jedoch zusätzlich ein bestimmter Anteil an Kupferverbindungen zugegeben wird. Diese einfachste Form der Farbgebung, verbunden mit der Bildung einer glasurähnlichen Schicht, wobei die Kernsubstanz meist bräunlich gefärbt ist, stellt keine besonderen Forderungen an eine zusätzliche Technologie. Schwieriger ist das Aufbringen von farbigen Zwischenschichten, die im Prinzip aus Quarzsplitt hergestellt und zwischen Kernsubstanz und Glasur liegen. Die Anordnung solcher Schichten ist im Prinzip aus Abb. 3 und 7 zu erkennen. Diese Zwischenschichten dienten ganz offensichtlich

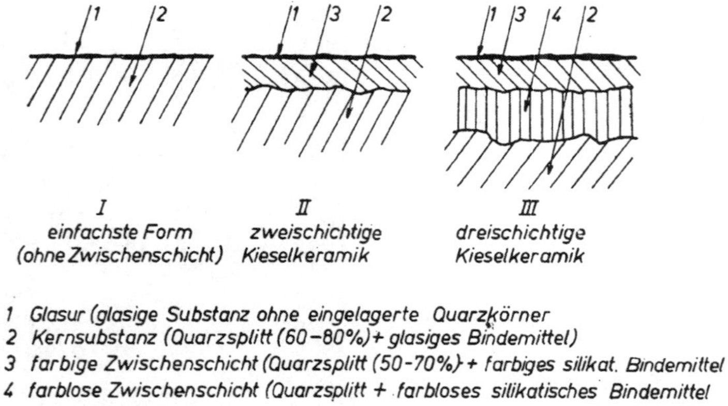

Abb. 14: Schematische Darstellung des Aufbaues verschiedener antiker Kieselkeramikvarianten

mehreren Zwecken, wie einmal der Intensivierung des Farbeffektes, der allein durch die sehr dünne Glasurschicht gering wäre. Andererseits lassen sich hierdurch reinere Farbtöne oder gewollt Mischfarbtöne erzeugen, je nach der Farbe der Zwischenschicht und der Glasur. Weiterhin zeichnen sich die Zwischenschichten dadurch aus, daß sie im allgemeinen einen höheren Anteil an silikatischem Bindemittel enthalten als das Kernmaterial, wodurch eine wesentlich höhere

Festigkeit erzielt wird, was sich auf den gesamten Kieselkeramikkörper überträgt. Entsprechend der in Abb. 14 gegebenen schematischen Übersicht über den Aufbau der bekannten Kieselkeramikvarianten dient die hier dargestellte Möglichkeit Nr. *3*, bei der eine zwischen Kernsubstanz und farbiger Zwischenschicht aufgebrachte farblose Schicht vorhanden ist, zweifellos dem Ausgleich der äußerst rauhen Oberfläche der groben Kernsubstanz, die darüber hinaus eine schmutzig braun-graue, also unansehnliche Farbe besitzt.

Wie mit Hilfe des Mikroskopes an Dünnschliffen von Kieselkeramik-Körpern festgestellt werden kann (Abb. 7), sind die um den Kern liegenden Schichten in ihrer Dicke außerordentlich gleichmäßig. Es ist nicht möglich, durch Bestreichen eines Grundkörpers mit einer geeigneten Mischung aus Quarzsplitt und farbigem silikatischen Bindemittel solche gleichmäßige Schichtenbildung zu erzeugen. Ohne Schwierigkeiten gelingt es jedoch, über ein Tauchverfahren Schichten gleicher Dicke auf dem Grundkörper zu erzeugen. Hier kann z. B. eine Mischung aus sehr feinem Quarzsplitt und feinst gemahlenem Glas entsprechender Farbe etwa im Verhältnis 70 : 30 mit einem geeigneten organischen Bindemittel zu einem dickflüssigen „Schlicker" verrührt Verwendung finden. Geeignete organische Bindemittel sind z. B. auch hier die verschiedenen Pflanzengummiarten, Stärkekleister etc. Taucht man in diese dickflüssige Suspension einen gebrannten Kieselkeramikkörper ein, so wird auf Grund der starken Saugkraft des porösen Körpers in wenigen Minuten eine dünne Schicht aus Quarzsplitt und Glaspulver angelagert, die nach dem Trocknen durch erneutes Brennen des Körpers verfestigt wird und mit der Kernsubstanz eine untrennbare Bindung eingeht. In ähnlicher Weise ist es danach möglich, die Glasur aufzutragen, wobei lediglich auf eine Zugabe von Quarzpulver zum Schlicker verzichtet wird und die vorgefertigte und pulverisierte Glasur in wäßriger Suspension Verwendung findet.

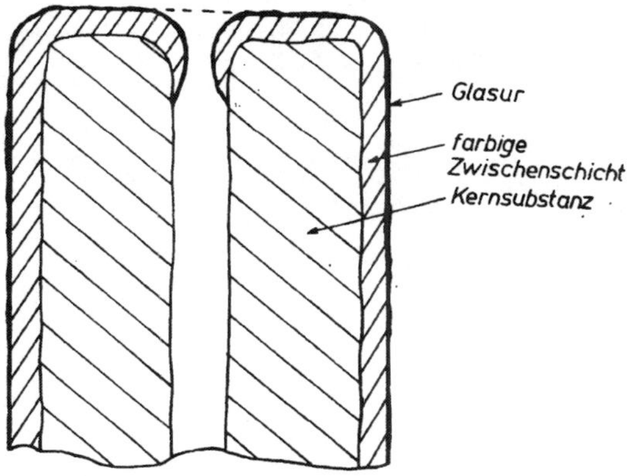

Abb. 15: Schematische Darstellung des Aufbaues einer Röhrenperle im Längsschnitt

Zum Einbrennen der Glasur wäre danach ein dritter Brand bei Temperaturen von 650 ··· 700 °C erforderlich. Die Untersuchung verschiedener Original-Kieselkeramik-Körper konnte die Anwendung derartiger Verfahren bestätigen. So zeigte sich z. B. bei einer Röhrenperle der in Abb. 15 dargestellte Aufbau. Das sich in Längsrichtung des Zylinders befindliche Loch zum Auffädeln hat einen Durchmesser von etwa 1 mm. Beim Eintauchen des bereits einmal gebrannten Kernkörpers in die Zwischenschichtmasse konnte diese auf Grund ihrer hohen Viskosität nicht übermäßig weit in das Innere des Loches einlaufen, was ebenso für die Glasur gilt. Es sind also nur jeweils die beiden Endteile des Mantels um das Loch mit einer farbigen Zwischenschicht und Glasur überzogen, während den Mantel im Inneren des Loches nur die Kernsubstanz darstellt. Dieses Verfahren ist an und für sich recht einfach und bedarf keiner besonderen Einrichtung oder Fähigkeit. Bei einiger Übung gelingt es sogar, die Glasurschicht auf die noch nicht durch Brennen gefestigte Zwischenschicht aufzutragen, so daß lediglich zwei Brände erforderlich sind, um den fertigen Kieselkeramik-Körper zu erhalten.

Mit Hilfe der beschriebenen Verfahrenstechnik zur Herstellung von Kieselkeramiken ist es möglich, die sowohl in Ägypten als auch im Vorderen Orient hergestellten Erzeugnisse dieser Art zu reproduzieren. Durch Veränderungen des Verhältnisses zwischen Quarzsplitt und Glaspulver oder einem entsprechenden Vorprodukt lassen sich Härte und Porosität der Kieselkeramik beliebig verändern. Die Farbgebung der Kernsubstanz als auch der Zwischenschichten ist lediglich abhängig von der Farbe des zur Verwendung kommenden Glases oder der entsprechenden Vorprodukte.

Ein weiterer grundsätzlich möglicher Weg zur Erzeugung farbiger, stark quarzsplitthaltiger Zwischenschichten zwischen Kern und Glasur von Kieselkeramiken wäre dadurch gegeben, daß Glasuren, die bei Temperaturen zwischen 700 und 900 °C sehr dünnflüssig sind, in den porösen Kern auf Grund von Kapillarkräften eindringen können. Hierzu wären besonders stark bleihaltige Glasuren befähigt, weniger geeignet sind solche auf Alkali-Erdalkali-Basis, wie sie zur Herstellung von Kieselkeramiken in Tell el Amarna benutzt wurden.

Grundsätzlich mag festgestellt sein, daß die Verfahren zur Erzeugung der Kieselkeramiken in ihren unterschiedlichen Variationen relativ einfach sind und gegenüber der Verformung und Verarbeitung von Glas viele Vorteile aufweisen. Diese Tatsache wird auch sicherlich dazu geführt haben, daß trotz der zunehmenden Entwicklung der Technologie der Glaserzeugung und -verarbeitung Kieselkeramiken erst sehr viel später durch Glas verdrängt wurden. Eine weit fortgeschrittene Entwicklungsphase der Kieselkeramiken ist zweifellos in der Herstellung von Sinterprodukten zu sehen, die fast ausschließlich aus Glaspulver erzeugt wurden (Abb. 6 — Kugelperle aus Jugoslawien). Derartige, als „glasige Fayencen" bezeichnete Materialien wurden eingehend von COONEY [9] beschrieben.

4. Gläser aus Tell-el-Amarna (1350 ± 10 v. u. Z.)

4.1. Chemische und physikalische Untersuchungsergebnisse

Die in Amarna durch Grabung von Flinders Petrie (1891/92) gefundenen Glasgefäße oder deren Bruchstücke wurden von NEUMANN chemisch untersucht bzw. Untersuchungsergebnisse von ihm zusammengefaßt [10]. Die von NEUMANN beschriebenen Gläser sehr unterschiedlicher Färbung sind zumeist Bruchstücke von Sandkerngefäßen gewesen, und die Untersuchungen beschränkten sich auf die Bestimmung der chemischen Zusammensetzung. Danach kann die mittlere Zusammensetzung der Gläser hinsichtlich der Hauptkomponenten mit

62,5%	SiO_2
9,3%	CaO
4,3%	MgO
18 ··· 22,0%	Alkalioxid

angegeben werden. Als färbende Komponenten wurden die Oxide des Eisens, Kupfers sowie Mangans und als trübende Komponente besonders Zinndioxid genannt.

Als Ausgangsbasis für die in der vorliegenden Arbeit zu beschreibenden Gläser dienten einige der von der Deutschen Orientgesellschaft in den Jahren 1911 bis 1914 in Amarna gefundenen Glasgefäß-Bruchstücke bzw. Glasstabmaterial, das als Halbfertigware anzusehen ist. Die Gläser befinden sich in der Sammlung der Ägyptischen Abteilung der Staatlichen Museen zu Berlin und standen für eingehende physikalische und chemische Untersuchungen zur Verfügung. Insbesondere die bereits erwähnten Glasstäbe boten sich als Untersuchungsmaterial an, da chemische, optische und glastechnische Untersuchungen meist mit einer Zerstörung des Gegenstandes verbunden sind. Das Stabmaterial befindet sich in einem recht guten Erhaltungszustand, der mit den in Tell-el-Amarna gefundenen Glasgefäßen oder Bruchstücken von solchen absolut vergleichbar ist (Abb. 16). Die Fundjournale der DOG weisen auf mehrere Fundstellen solcher Stäbchen hin, die zu unterschiedlichen Zeiten während der Grabungen entdeckt wurden. Wie bereits in der Einleitung mitgeteilt, sind jedoch die Glasstabfunde nicht gesondert mit Nummern versehen worden, was sicherlich auch auf den geringen Wert, der ihnen zugemessen wurde, zurückzuführen ist, so daß heute nicht mehr festzustellen ist, welche Stäbe an welcher Stelle gefunden wurden.

Entsprechend der Fundjournale der DOG wurden folgende Funde von Glasstäben gemacht:

1911/12 unter der Registriernummer	1526 am Fundort	N 50,23
1912/13 unter der Registriernummer	662 am Fundort	Q 46,1
	958 am Fundort	Q 46,5
	1118 am Fundort	Q 47,24
	1498 am Fundort	P 47,8
	1665 am Fundort	P 47,16
1913/14 unter der Registriernummer	1070 am Fundort	?
	1072 am Fundort	?

Besonders bei dem 1913/14 gefundenen Material scheint es sich jeweils um größere Mengen solcher Stäbchen gehandelt zu haben. Die Glasstäbe mit Durchmessern von 2 ··· 5 mm — durch

Ziehen aus dem Schmelzfluß hergestellt — zeigen fast ausnahmslos eine mehr oder weniger starke Trübung, die nicht nur durch Lufteinschlüsse, die das Glas in Form feinster Kapillaren durchziehen, hervorgerufen wird.

Die Herstellung derartiger Glasstäbe ist eine in der „Glasmacherkunst" sicherlich bereits in der Antike geübte Methode zum Erkennen der Qualität des Schmelzflusses, wodurch festgestellt werden kann, in welchem Stadium sich die Schmelze befindet. Andererseits stellen jedoch gerade Glasstäbe ein bequemes Ausgangsmaterial dar zum weiteren Verformen zu Glasgegenständen jeglicher Art, wie Perlen, Ringe etc. und nicht zuletzt zur Erzeugung der Ein- und Auflagedekore, wie sie bei den Glasgefäßen der Antike üblich waren. So finden sich denn auch Glasstäbe in einer reichhaltigen Farbpalette, wobei blaue Gläser den Hauptanteil darstellen, aber auch gelbe, rote, grüne, braune und weiß-opake Gläser zu finden sind. Alle hier vertretenen Farben finden sich gleichermaßen bei den Glasgefäßen oder Gefäßscherben jener Zeit entweder im Farbdekor oder aber der Gefäßscherben selber weist diese Farbe auf.

Abb. 16: Glasstäbe verschiedener Farben aus den Funden der DOG in Tell-el-Amarna (um 1350 v. u. Z.) ohne Nr.

Glasstäbchen gleicher Farbe zeigen darüber hinaus teils extrem unterschiedliche Farbintensitäten, was zur Annahme berechtigt, daß sie nicht einer Schmelze, sondern einer Vielzahl von verschiedenen Schmelzen entstammen. Die Untersuchung solcher Glasstäbe sowie verschiedener Sandkerngefäßscherben wurde mit dem Ziel durchgeführt, nicht nur neue chemische Analysenergebnisse den schon reichlich vorhandenen hinzuzufügen, sondern um vor allen Dingen einen Einblick in die Herstellungs- und Verarbeitungsmethodik in frühester Zeit zu erhalten. Darüber hinaus soll versucht werden, Aussagen zu machen über die verwendeten Rohstoffe und deren Ursprungsgebiete.

Mikroskopische Untersuchungen an Dünnschliffen der Gläser deuten darauf hin, daß die zur Herstellung des Schmelzflusses zur Anwendung gekommenen Temperaturen in den meisten Fällen an der Grenze des noch eben Ausreichenden gelegen haben, um zumindest einen weitgehenden Aufschluß des Gemengesatzes zu ermöglichen. Alle Gläser sind demzufolge durchsetzt mit noch nicht völlig aufgeschlossenen Quarzkristallrelikten und beinhalten Einschlüsse feinster Partikel, die eine Trübung des Glases hervorrufen. Weiterhin finden sich teils gut ausgebildete Kristalle im Glas, die auf Grund langer Verweilzeiten im kritischen Kristallisationstemperaturbereich als sekundäre Neubildung entstanden sind. So finden sich hauptsächlich Kalzium- und Alkali-Aluminium-Silikate, wie Diopsid ($CaMg[Si_2O_6]$), Nepheline ($KNa_3[AlSiO_4]_4$) oder auch Mullit ($3Al_2O_3 \cdot 2SiO_2$), letzteres besonders als Auflösungsprodukt der Tonschmelzgefäße und in einigen wenigen Fällen sogar Cristobalit-Ausscheidungen (SiO_2). Die Schmelztemperaturen der Gläser können, wie durch entsprechende Reproduktionsversuche ermittelt wurde, nicht höher als etwa 1100 oder 1150 °C, maximal jedoch bei 1200 °C, gelegen haben. Turner [11] weist bereits darauf hin, daß die Wärmebeständigkeit der aus Ton gefertigten Schmelzgefäße eine Temperatur von mehr als 1050 ··· 1100 °C nicht zuließ! Die für eine Verarbeitung der Gläser maßgeblichen physikalischen Eigenschaftswerte sind insbesondere in der thermischen Ausdehnung und dem rheologischen Verhalten zu sehen. Eine Bestimmung der linearen Ausdehnungskoeffizienten sehr verschiedener Gläser aus Tell-el-Amarna ergab Werte zwischen $\alpha = 90$ und $120 \cdot 10^{-7} \cdot grd^{-1}$. Der mittlere Ausdehnungskoeffizient aller untersuchten Gläser lag bei $\alpha = 98 \cdot 10^{-7} \cdot grd^{-1}$. Für die Transformationstemperaturen (Tg) ergaben sich nach dilatometrischen Meßverfahren Werte zwischen 450 und 550 °C, während die Erweichungstemperaturen ($T_{Erw.}$) nach dem gleichen Meßverfahren zwischen 540 und 620 °C lagen. Für ein blaues Glas wurde z. B. ein Transformationspunkt von 497 °C und ein Erweichungspunkt von 549 °C gemessen. Hieraus und aus den später noch näher zu beschreibenden Zusammensetzungen der Gläser ist zu erkennen, daß es sich um sogenannte „kurze Gläser" handelt, worunter Gläser zu verstehen sind, bei denen das Temperaturintervall zwischen dem flüssigen und bereits wieder festen Zustand sehr gering ist, so daß die zur Bearbeitung zur Verfügung stehende Zeitspanne kurz ist. Vom verarbeitungstechnischen Standpunkt aus gesehen, bereiten derartige Gläser zwar ziemliche Schwierigkeiten, andererseits sind aber die relativ niedrigen Schmelz- und Arbeitstemperaturen den technischen Möglichkeiten des Altertums in nahezu idealer Form angepaßt. Es wäre mit Hilfe der heutigen Kenntnisse zur Eigenschaftsbildung der Gläser kaum möglich, unter Einbeziehung der rohstoffmäßigen und technischen Voraussetzungen dieser Zeitepoche günstigere Zusammensetzungen zu finden, als sie auf rein empirischem Wege gefunden wurden.

Der chemischen Zusammensetzung der Gläser kommt zweifellos eine primäre Bedeutung zu, da hiermit alle Fragen der Rohstoffe und besonders der Technologie des Schmelzprozesses im Zusammenhang stehen. Die Zusammensetzung der zu untersuchenden Gläser wurde auf spektralanalytischem Wege bestimmt. Die Spektralanalyse ist besonders geeignet, die in geringen Mengen in einer Substanz enthaltenen Elemente mengenmäßig zu erfassen und darüber hinaus auch eine quantitative Abschätzung der Hauptkomponenten vorzunehmen. Der hierbei unterlaufende Fehler beträgt $\pm 5\%$ rel. Bei der Bestimmung der chemischen Zusammensetzung der antiken Gläser kam es weniger auf die absoluten Werte der einzelnen Komponenten als vielmehr auf eine vergleichbare Abschätzung der Größenordnung, in der sie sich bewegen, an. Geht man davon aus, daß die zur Glasherstellung im Altertum zur Verwendung gekommenen Rohstoffe ausschließlich Naturprodukte darstellen, deren Zusammensetzung in weitesten Grenzen schwankt, und daß der stoffliche Inhalt dieser Naturprodukte im Prinzip unbekannt war, so erscheint es weniger wichtig, von den daraus erzeugten Fertigprodukten, im vorliegenden Falle den Gläsern, extrem genaue Analysen anfertigen zu wollen. Es ist z. B. relativ unwichtig, ob der Kieselsäuregehalt bei 55 oder 60% liegt, aber von wesentlicher Bedeutung wie z. B. das Verhältnis der verschiedenen Komponenten prinzipiell zueinander ist, oder ob bei Anwesenheit eines bestimmten Elementes gleichzeitig andere Begleitelemente nachgewiesen werden können, die in bestimmten Mineralien, also Naturprodukten vorkommen.

Ebenso ist es von Bedeutung, aus der Analyse entnehmen zu können, ob ein bestimmtes Element gewollt, also bewußt dem Glas hinzugefügt wurde, oder ob es rein zufällig in den Glassatz hineingeraten sein kann. Von derartigen Gesichtspunkten ausgehend, soll die Zusammensetzung der Gläser betrachtet werden, und in Verbindung mit anderen Untersuchungsergebnissen sollen Rückschlüsse auf die Methodik der Erzeugung und die Grund- oder Ausgangsstoffe gezogen werden. Ein Vergleich der thermischen Verhaltensweisen der untersuchten Gläser (Transformations- und Erweichungsintervalle) ließ von vornherein erkennen, daß es sich um relativ einheitlich zusammengesetzte Gläser handelt, die in ihrer Grundzusammensetzung nicht wesentlich voneinander abweichen. In Tab. 1 sind die spektralanalytischen Untersuchungsergebnisse von neun unterschiedlich gefärbten Gläsern aus Tell-el-Amarna wiedergegeben.

Grundsätzlich mag davon ausgegangen werden, daß die Gläser aus den Hauptkomponenten, den färbenden Bestandteilen und den Nebenkomponenten bestehen. Als Hauptkomponenten sind einmal die sauren Glasbildner selber, also vornehmlich SiO_2 anzusehen sowie die alkalischen Komponenten, die Alkalioxide und die Erdalkalien. Das Aluminiumoxid ist grundsätzlich zur Glasbildung nicht erforderlich, übt aber einen wesentlichen Einfluß auf die chemische Beständigkeit und die Kristallisationsfestigkeit der Gläser aus. Die färbenden Komponenten sind jeweils Schwermetalloxide der Nebengruppen des Periodischen Systems, abgesehen von Zinndioxid, das weniger eine färbende als vielmehr infolge seiner Schwerlöslichkeit eine glastrübende

Tabelle 1:
Gläser aus Tell-el-Amarna (etwa 1350 v. u. Z.)

		1 dunkel-blau (getrübt) %	*2* braun (durch-scheinend) %	*3* gelb (undurch-sichtig) %	*4* rot (Hämati-nonrot) %	*5* türkis-blau (opak) %	*6* grün (getrübt) %	*7* weiß (opak) %	*8* farblos (schwach durch-sicht.) %	*9* blau-schwarz (durch-sichtig) %
Haupt-komponenten	SiO_2	66,8	68,2	64,0	59,0	62,0	58,0	60,0	65,0	66,0
	Al_2O_3	1,55	0,59	1,2	0,45	0,45	0,6	0,25	0,4	0,75
	CaO	6,31	6,56	10,0	6,0	10,0	8,5	8,5	10,0	8,5
	MgO	3,32	3,41	3,2	2,0	3,7	2,7	2,8	3,0	2,6
	Na_2O	18,7	17,1	14,3	19,0	16,5	17,0	16,5	15,0	17,0
	K_2O	0,54	2,36	0,5	0,6	1,2	0,8	3,4	0,4	0,8
farbgebende Bestandteile	Mn_2O_3	0,09	0,05	0,02	0,02	0,03	0,01	0,02	0,02	1,35
	Fe_2O_3	0,66	1,39	0,7	0,5	0,45	0,5	0,3	0,4	0,35
	CuO	0,08	0,01	0,01	4,09	1,0	0,47	—	—	1,90
	CoO	0,13	—	—	—	—	—	—	—	Sp.
	SnO_2	0,66	—	0,005	0,12	0,02	0,02	0,05	0,01	0,09
Neben-komponenten	PbO	Sp.	—	1,28	0,02	0,01	0,6	0,1	—	—
	Sb_2O_3	0,05	—	0,89	0,01	0,8	0,15	0,87	—	—
	TiO_2	0,1	0,16	<0,16	<0,16	<0,16	<0,16	<0,16	<0,16	0,04
	SrO	0,03	0,04	0,02	0,01	0,02	0,02	0,01	0,01	0,09
	NiO	<0,05	—	—	—	—	—	—	—	—

Eigenschaft besitzt. Die jeweiligen Oxide des Mangan, Eisen, Kupfer und Kobalt, die teils in verschiedener Wertigkeitsstufe oder in Abhängigkeit von unterschiedlichen Koordinationszahlen recht verschiedenartige Färbungen hervorrufen können, sind diejenigen, die in antiken Gläsern als farbgebende Komponenten Verwendung fanden.

Als Nebenkomponenten werden solche Stoffe bezeichnet, die in sehr kleinen, chemisch noch wenig wirksamen Konzentrationen im Glas gefunden werden, oder aber nur in Spuren als Verunreinigungen darin enthalten sind. Die vorliegenden Glasanalysen zeigen die für die Herstellungszeit des Glases typische Zusammensetzung und weichen nicht von anderen, vielfach veröffentlichten Glaszusammensetzungen dieser Zeitperiode ab [2, 10, 12] und [13]. Es handelt sich dabei um Natrium-Kalzium-Silikatgläser mit einem schwankenden, aber relativ hohem MgO-Anteil. Die Mittelwerte für die Hauptbestandteile liegen für SiO_2 bei etwa 62%, für Alkalioxid bei etwa 18,5% und für die Erdalkalien bei etwa 11%. Zwischen den Gehalten an CaO und MgO läßt sich eine bestimmte Relation ermitteln, die bei den Gläsern Nr. *1* und Nr. *2* der Tabelle 1 100 : 50 beträgt, während sie bei den Gläsern Nr. *3* bis Nr. *9* im Mittel bei 100 : 35 liegt. Auf derartige Verhältniszahlen, die selbstverständlich in gewissen Grenzen schwanken können, deutet bereits NEUMANN hin [12], indem er auf die Zusammensetzung des Wüstensandes verweist. Untersucht man die in der Literatur vorliegenden Analysenergebnisse altägyptischer und auch assyrisch-babylonischer Gläser in dieser Beziehung, so findet man ein Verhältnis zwischen CaO und MgO im Mittel von 100 : 40.

Ähnlich wie für CaO und MgO bestehen bestimmte Konzentrationsverhältnisse zwischen Na_2O und K_2O. Die K_2O-Konzentration in den ägyptischen Gläsern ist im allgemeinen gering und läßt sich auf die Verwendung natürlicher Soda zurückführen, während Pflanzenaschen mit naturgemäß hohem K_2O-Anteil wahrscheinlich weniger oder kaum Verwendung fanden. Das Verhältnis Na_2O : K_2O liegt bei den untersuchten Gläsern bei etwa 100 : 4, lediglich die Gläser Nr. *2*, *5* und *7* (Tab. 1) zeigen ein solches von etwa 100 : 10. Nach NEUMANN [12] soll ein

Verhältnis von 100 : 13 typisch sein! Betrachtet man jedoch die von LUCAS [2] angegebenen Analysen natürlicher Sodavorkommen, so wird die mögliche Schwankungsbreite erkennbar.

Die chemische Zusammensetzung dieser Gläser läßt erkennen, daß drei Hauptkomponenten zu ihrer Herstellung Verwendung fanden, nämlich Sand, Soda und kalkhaltige Erden. Kalziumoxid ist aber in Form von Kalziumkarbonat ein häufiger Begleiter der Sande, und gerade bei den Wüstensanden Ägyptens liegen die Kalkgehalte relativ hoch. So zeigen Sandproben von Tell-el-Amarna CaO-Gehalte von etwa 19%, solche von Alexandria sogar 35% [2]. In solchen für die Glasherstellung „günstigen Fällen" bedarf es allerdings nur noch der Zugabe der richtigen Menge Soda, nachdem der Sand sogar einem Waschprozeß unterzogen worden sein kann, der eine Verminderung des CaO-Anteiles bringt. Die färbenden Bestandteile, insbesondere Eisenoxid und teilweise Manganoxide sind ebenfalls Bestandteile des Sandes, genauso wie TiO_2, das gemeinsam mit Eisenionen im Glas eine braune Färbung hervorruft. Anders sieht es aus mit Kupfer, Kobalt, Blei, Zinn und Antimon. Die farbgebende Wirkung des Kupfers war seit langem bekannt, sehr wahrscheinlich seit jener Zeit, als das erste Kupfer verhüttet wurde. Beachtenswert ist es jedoch, daß es gelungen war, diese Verhältnisse auf das Glas zu übertragen, wobei mit dem gleichen Element Kupfer sowohl rein blaue als auch grüne und intensiv rote Gläser erzeugt wurden. Der Farbwechsel des kupferhaltigen Glases von Blau nach grün ist abhängig von der Art und Anzahl der zur Verfügung stehenden Liganden und somit von der Koordinationszahl des zweiwertigen Kupfers. Hier spielen die Konzentrationsverhältnisse, insbesondere die des Kupfers selber, bei sonst weitgehend gleich zusammengesetzten Gläsern eine wesentliche Rolle, indem bei geringen Kupfergehalten die Farbe meist blau und bei zunehmend höheren Kupferkonzentrationen die Farbe grün ist. Beeinflußbar ist dieser Farbwechsel weiterhin durch ein verändertes MgO–CaO-Verhältnis durch Zugabe von PbO etc. Die in früher Zeit relativ seltenen, als Hämatinongläser beschriebenen siegellackroten Glasschmelzen entstehen durch vorsichtige Reduktion des Cu^{II}-Ions zum Cu^{I}-Ion. Da die Löslichkeit des Cu^{I}-Oxides im Glas nur gering ist, scheidet sich beim Abkühlen der Schmelze Cu_2O in feinverteilter Form aus, wodurch dem Glas die rote Farbe verliehen wird. Das Glas Nr. *4*, ein solches Hämatinonglas, enthält darüber hinaus einen Anteil von 1,2% SnO_2. Dieser Tatsache, wenn sie nicht auf einem Zufall beruht, müßte eine besondere Bedeutung beigemessen werden, da sie die Grundlage eines echten Kupferpurpurs darstellt, analog dem „CASSIUSschen" Goldpurpur ($SnO_2 \cdot xH_2O \cdot yAu$), dessen Herstellung wohl auf GLAUBER (1649 u. Z.) zurückgeführt wird, der daraus das Goldrubinglas erzeugte [14]. THOMPSON [15] deutet die Möglichkeit an, daß in alten assyrischen Keilschrifttexten aus dem 7. Jahrhundert v. u. Z. von Gläsern die Rede sein kann, die als Goldrubine aufgefaßt werden könnten!

Ein besonderes Interesse verdient das Glas Nr. *1*. Hier ergibt die Analyse eine Kobaltkonzentration von 0,13%. Wie von verschiedenen Autoren [2] und [10] bekannt, sind Kobaltverbindungen in Ägypten bisher nicht gefunden worden, abgesehen von Spurenvorkommen. Ägyptische Gläser mit einem Kobaltgehalt wurden bis heute auch nur selten gefunden. Die von PETRIE in Amarna gefundenen blauen Glasscherben oder Glasreste in Schmelztiegeln sind nach NEUMANN [10] frei von Kobalt, und NEUMANN betont, daß in 38 blauen, von ihm untersuchten Gläsern aus Amarna niemals Kobalt gefunden wurde. Auf Grund dieser Tatsache wurde von den bereits genannten blauen Glasstäbchen (gefunden von der Deutschen Orientgesellschaft in Amarna), die in relativ großer Anzahl in der Sammlung der Staatlichen Museen zu Berlin vorhanden sind, eine Kollektion unterschiedlich aussehender Stücke spektralanalytisch auf Kobalt geprüft.

Tabelle 2 zeigt, daß in allen Proben das gesuchte Element neben Kupfer in recht unterschiedlichen Mengen, die bei Kobalt infolge der sehr intensiven Farbwirkung nicht als Spuren bezeichnet werden können, enthalten ist. Die Glasproben *1d* und *1e* zeigen die für Kobalt typische Farbe, während bei den Proben *1a* bis *1c* noch im wesentlichen die Kupferfarbe überwiegt. Zur Erhärtung der von NEUMANN durchgeführten Untersuchungen wurde eine Reihe

Tabelle 2:

Vergleich des Kupfer- u. Kobaltoxidgehaltes von blau gefärbten Gläsern (Glasstäbchen) unterschiedlicher Farbintensität
(Glasfunde der Deutschen Orientgesellschaft aus den Jahren 1911—1914 in Tell-el-Amarna)

	1a	*1b*	*1c*	*1d*	*1e*
CuO	0,1%	0,34%	0,32%	0,54%	0,05%
CoO	0,08%	0,06%	0,06%	0,10%	0,13%

von Sandkerngefäßstücken blauer Farbe, die ebenfalls von der Deutschen Orientgesellschaft in Amarna gefunden wurden, auf Kobalt geprüft. Es konnte bei diesen Gläsern lediglich Kupfer und Eisen, jedoch Kobalt nur in Spuren gefunden werden (z. B. Glas Nr. *9* in Tab. 1). Da Kobalt in den meisten Fällen mit Nickel in natürlich vorkommenden Mineralen vergesellschaftet ist, wurde auch in allen kobalthaltigen Gläsern ein Spurenanteil von Nickel nachgewiesen.

Die weiterhin in den Gläsern gefundenen Komponenten, insbesondere Antimon und Blei, lassen auf Grund ihrer Konzentration nicht in jedem Fall eine ungewollte Beimengung für wahrscheinlich halten. Die Gläser Nr. *3*, *5*, *6* und *7* der Tab. 1 enthalten sowohl Antimon als auch Blei in nicht unwesentlichen Mengen, und es ist zu erkennen, daß beide Elemente immer gemeinsam vorkommen. Da Antimon und Blei in natürlichen Mineralen oft vergesellschaftet sind (Blei-Antimon-Spiesglanze etc.) ist das gemeinsame Auftreten beider Elemente verständlich. Die prozentualen Mengen, in denen die beiden Komponenten vorliegen, sind vom Standpunkt der Eigenschaftsveränderung des Glases unerheblich. Antimonoxid in Verbindung mit Nitraten dem Glassatz zugegeben, bewirkt infolge einer Sauerstoffentbindung eine Entgasung des Glases (Läuterprozeß). Es ist jedoch sehr unwahrscheinlich, daß dieser Effekt bereits bekannt war und daß der Sb_2O_3-Gehalt hiermit bewußt in Zusammenhang steht. Andererseits wirkt jedoch Antimonoxid ähnlich wie Zinndioxid als Trübungsmittel, besonders in Gegenwart von Blei- oder Kalziumoxid unter Bildung von Pyroantimonaten (z. B. $Ca_2Sb_2O_7$), worauf es bei den Gläsern Nr. *5* und *7* der Tab. 1 besonders ankommt. Hier ist der Antimongehalt im Vergleich zum Blei erheblich höher und Blei sicherlich nur eine ungewollte Verunreinigung. Eine besondere Bedeutung als Gelbpigment ist jedoch dem Antimon und Blei gemeinsam in den Gläsern Nr. *3* und *6* zuzumessen, worauf noch näher eingegangen wird.

Um eine Aussage über die Art der Herstellung und Verarbeitung der Gläser machen zu können, sind neben den grundsätzlichen chemischen und physikalischen Eigenschaftsermittlungen mikroskopische Untersuchungen aufschlußreich.

Im Rahmen der folgenden Besprechung der einzelnen Farbgläser soll auf diese Zusammenhänge besonders hingewiesen werden.

4.1.1. Blaue Gläser

Die visuelle Betrachtung zeigt, daß keines der blauen Glasstäbchen und auch andere Glas scherben glasklar sind, sondern alle eine — auch an frischen Bruchflächen — leichte Trübung aufweisen. Die Farbintensität von etwa 10 verschiedenen Proben erwies sich als recht unterschiedlich, wobei Tönungen von ultramarin bis dunkelkobaltblau reichten. Die frische Bruchfläche zeigt reichlich Blasen, die als feine Kanäle den gesamten Glasstab durchziehen und so z. T. für die Trübung des Glases verantwortlich sind. Auch äußerlich weisen die Glasstäbchen eine starke Längsstreifung auf, die auf einen eben noch ausreichenden Erwärmungsgrad des Glases beim Ziehprozeß hindeutet. Gelegentliche Knoten unaufgeschlossener Sandkörner vervollkommnen das Bild eines unter nicht ganz ausreichenden thermischen Bedingungen mühsam erschmolzenen und verarbeiteten Glases. Im Dünnschliff sind bei mikroskopischer Betrachtung vereinzelt nicht aufgeschlossene Quarzkörner und sogenannte „Glasgalle-Tröpfchen“ zu erkennen. Unter Glasgalle sind insbesondere im Glas nicht lösliche aber relativ leicht schmelzende

Stoffe zu verstehen, wie Natriumsulfat und gelegentlich Natriumchlorid, die — falls sie in größeren Mengen vorhanden sind — auf der Oberfläche der Glasschmelze schwimmen oder aber als Tröpfchen im Glas eingeschlossen sind (Abb. 17). Da die natürlich vorkommende Soda größere Mengen dieser Gallebildner enthalt, ist die Anwesenheit dieser Stoffe im Glas nicht vermeidbar gewesen und wird vielfach zum Mißlingen der Glasschmelze geführt haben. Es ist deshalb sehr wahrscheinlich, daß die Erschmelzung der Gläser über mehrere Stufen erfolgte, wobei zunachst durch Versintern oder Fritten der Glasrohstoffe übermäßige Mengen von Glasgalle abgeschieden wurden und die verbleibende Fritte erst dann eventuell unter Zugabe weiterer Glaskomponenten, wie Farboxide, zum eigentlichen Glas aufgeschmolzen wurde.

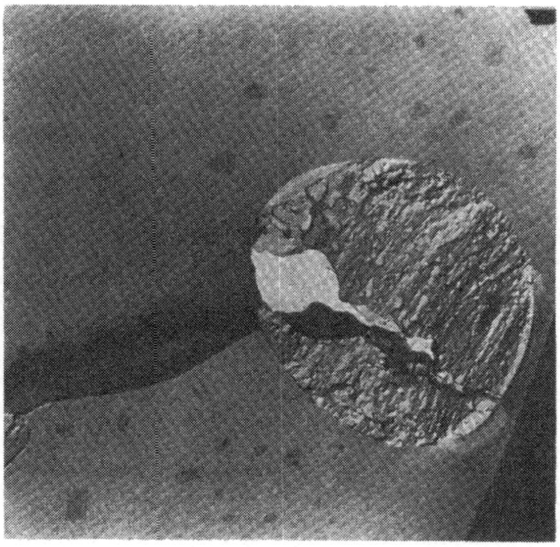

Abb. 17 Elektronenoptische Aufnahme eines „Galletropfens“ als Einschluß in einem Glas der Amarna-Periode (V = 11500x)

Die untersuchten Gläser sind stark inhomogen und zeigen neben gewundenen und verschlungenen nahezu klar durchsichtigen Bereichen solche intensiver Trübung (Abb. 18). Bei stärkster Vergrößerung ist zu erkennen, daß hier in eine klarglasige Matrix würfelförmige Kristalle von 5···10 µm Kantenlänge eingebettet sind (Abb. 19). Das Auftreten von Kristallen, die dem kubischen System zuzuordnen und demzufolge optisch isotrop sind, ist in Gläsern außerordentlich selten. Wie aus Abb. 19 ersichtlich, stellen die Kristalle gut ausgebildete Würfel dar, die in großer Zahl im Glas enthalten sind. Auf Grund einer röntgenografischen Untersuchung können entsprechend der Lage der Hauptinterferenzen die Kristalle mit großer Wahrscheinlichkeit als das Natrium-Kalzium-Orthosilikat ($Na_2CaSi_3O_8$), das kubisch oder oktaedrisch kristallisiert, angesehen werden. Nach Kröger und Blömer [16] tritt diese Verbindung als mehr oder weniger vollständiges Umsetzungsprodukt von Quarz mit Natrium- und Kalziumkarbonat auf. Das Vorhandensein dieser — in Gläsern ungewöhnlichen — kristallinen

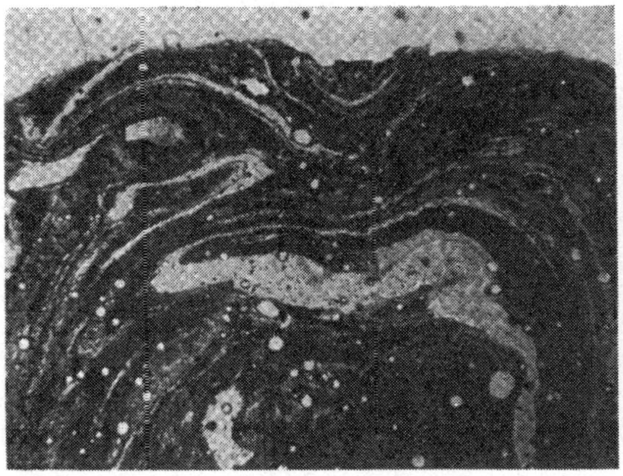

Abb. 18 · Dünnschliff von einem Glasstab aus getrübtem blauen Glas (Querschliff) mit Luftblasen und Galleeinschlüssen sowie starken Schlieren mit Zonen klaren und getrübten Glases (V = 50x) Glas Nr. *1*, Tab. 1

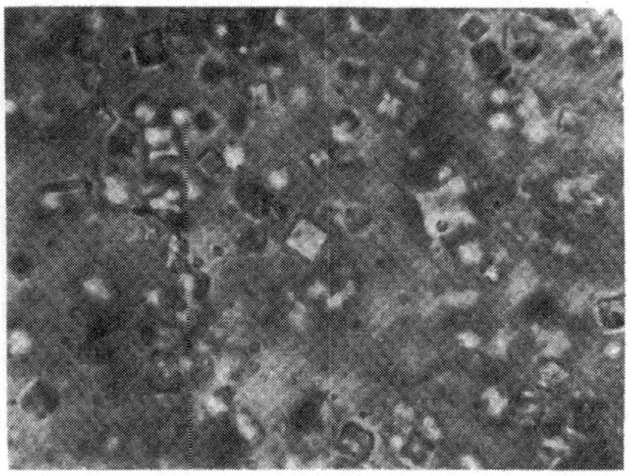

Abb. 19. Mikroskopische Aufnahme des gleichen Objektes wie Abb. 18 (Schlierenbereich starker Trübung) mit Einlagerungen von gut ausgebildeten Kristallen von Na–Ca-Orthosilikat ($Na_2CaSi_3O_8$) (V = 1000x)

Verbindung, deutet auf die bereits mehrfach erwahnten unzureichenden Schmelzbedingungen hin. Die chemischen Voraussetzungen zur Bildung dieser Verbindung sind infolge des hohen Kalziumoxid- und Natriumoxidgehaltes dieser Gläser grundsätzlich gegeben.

4.1.2 Braune bis farblose opake Gläser

Diese Farbglasreihe, die vom dunklen Braun über lichte Ockerfarben bis nahezu farblos verläuft, zeichnet sich gegenüber allen anderen Gläsern durch eine relativ gute Durchsichtigkeit aus, die durch langgezogene feine Blasen allerdings eine Minderung erfährt. Mikroskopisch sind neben Galleblasen und Quarzrelikten. vereinzelte Mullitkristalle sowie feinste unaufgeschlossene Partikel unbestimmter Form (etwa 1 µm) zu erkennen, die infolge ihrer geringen Menge einen relativ geringfügigen Trübungseffekt hervorrufen. Die Farbung der Gläser ist ausschließlich auf Eisen(III)-Ionen in Verbindung mit geringen Mengen Titan- und Manganoxid zurückzuführen.

4.1.3. Gelbe Gläser

Die Herstellung gelber Gläser ist selbst im 20. Jahrhundert relativ schwierig, da recht komplizierte chemische Verbindungen sowie kolloidchemische Effekte hierbei eine Rolle spielen, soweit es sich um Trübgläser handelt.

Gelbe, stark getrübte Gläser finden sich jedoch bereits bei der Farbglaskollektion aus Amarna und kommen ebenfalls bei frühen Glasfunden aus dem Vorderen Orient vor. Die aus Amarna stammenden gelben Gläser sind in ihrer Farbintensität ebenso schwankend wie Gläser anderer Farben, und der Farbton reicht von orange-gelb bis weiß-gelb. Die Analyse des Glases Nr. *3* der Tab. 1 läßt zunächst keine typischen Elemente erkennen, die dem Glas die gelbe Farbe verleihen können. Auffällig ist allerdings der relativ hohe PbO- und Sb_2O_3-Gehalt im Vergleich zu den anderen Gläsern, abgesehen vom Glas Nr. *6*.

Die mikroskopische Dünnschliffuntersuchung (Abb. 20) läßt in einer nahezu farblosen Glasmatrix Einlagerungen von feinverteilten aber sehr dichten gelben Farbstoffträgern erkennen,

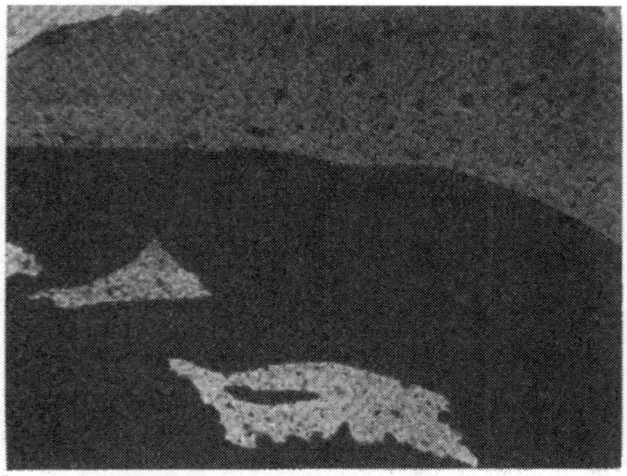

Abb. 20: Mikroaufnahme eines Dünnschliffes von einem Gelbglas (Tell-el-Amarna, Glasscherben Abb. 28, prov. Nr. 21)

Einlagerungen feinverteilter gelber Pigmentkörper (Bleiantimonat) in eine farblose Glasmatrix. Sehr starke Farbkörperansammlungen (undurchsichtige Bereiche) wechseln mit solchen geringer Farbstoffdichte ab (V = 200x)

Abb. 21: Elektronenoptische Aufnahme von der Bruchfläche eines Gelbglases, erkennbar sind Kristallbruchflächen vermutlich von Bleiantimonat (V = 11500x)

deren Größe zwischen 10 und 100 μm liegt. Die leuchtend gelben Farbstoffteilchen haben ein flockiges Aussehen und sind sehr homogen verteilt. Es finden sich darüber hinaus feinste Mullitnadeln als sekundäre Kristallisationsprodukte. Luftblasen und Galleeinschlüsse sind in relativ großer Menge enthalten, wogegen das Gelbglas frei von unaufgeschlossenen Quarzrelikten ist. Ein besonderes Interesse verdient die gelbe Farbsubstanz des Glases, die bereits von TURNER und ROOKSBY [20] beschrieben und identifiziert wurde. Eine elektronenmikroskopische Betrachtung des Gelbglases ließ zunächst erkennen, daß eine größere Menge feinkristalliner Stoffe in der glasigen Grundmasse eingeschlossen ist, die hinsichtlich der Quantität und des Verteilungsgrades dem gelben Farbpigment zugeordnet werden kann (Abb. 21). Eine außerdem angefertigte Röntgenanalyse bestätigte den interessanten Tatbestand, daß hier eine Blei-Antimon-Verbindung, sogenannter Bindheimit aus der Stibiconit-Reihe

$$(PbySb_2 - x(O, OH, H_2O)_{6-7};\ y \leq 2;\ O \leq x \leq 1)$$

vorliegt. Diese Verbindung ist röntgenografisch identisch mit dem Monimolit (nach ASTM-Kartei) und dem Neapelgelb, einem Bleiantimonat der Zusammensetzung $Pb_2(SbO_4)_2$. Neapelgelb ist seit langem bekannt, licht-, temperatur- und alkalibeständig und wurde früher als Farbstoff in der Keramik verwandt. Bereits die Babylonier haben einen solchen Farbstoff zum Bemalen von Ziegeln benutzt. Neapelgelb läßt sich synthetisch erzeugen durch stark oxydierendes Schmelzen von Blei- und Antimonoxid, z. B. mit Kaliumchlorat bei Temperaturen um 1000 °C. Eine solche Synthese kann aber unter keinen Umständen aus den Komponenten im Glasschmelzfluß selber erfolgen, sondern der fertige Farbstoff muß dem Glas in Form eines feinen Pulvers zugegeben werden. In der Natur finden sich als Verwitterungsprodukte von Antimonerzen sogenannte Antimonocker, die ebenfalls der Stibiconit-Reihe angehören. Ein röntgenografischer Vergleich eines synthetisch hergestellten Neapelgelb mit den in den Gelbgläsern nachgewiesenen mineralischen Bestandteilen läßt keine Zweifel an der Identität beider Stoffe zu.

4.1.4. Grüne Gläser

Die Farbtönung der ebenfalls getrübten, also opaken Gläser reicht von blaugrün bis oliv und laubgrün. Interessant ist die Tatsache, daß zur Erzielung dieser Farbtönungen Mischfarbeffekte ausgenutzt wurden, wie sie sich aus der Mischung von blauen und gelben Farbstoffen ergeben. Offensichtlich ist die Mischung mit dem gelben Farbstoff nicht immer homogen genug gelungen so daß bei den blaugrünen Gläsern, in die Glasmasse eingebettete gelbe Farbpünktchen bereits visuell zu erkennen sind (Abb. 22). In den Fällen, wo die Verteilung des gelben Farbkörpers besser gelungen ist, zeigen die Gläser hell-blattgrüne Tönungen. Die mikroskopische Untersuchung zeigt ein relativ schlierenarmes blaues Grundglas mit reichlich Blasen und Galleeinschlüssen sowie den gleichen Farbstoffträgern, die bereits bei den gelben Gläsern beschrieben wurden, also Einlagerungen von Neapelgelb. Die Färbung des Grundglases stellt eine reine Kupferfarbe dar, die durch einen mittleren Gehalt von etwa 0,4% CuO im Glas hervorgerufen wird.

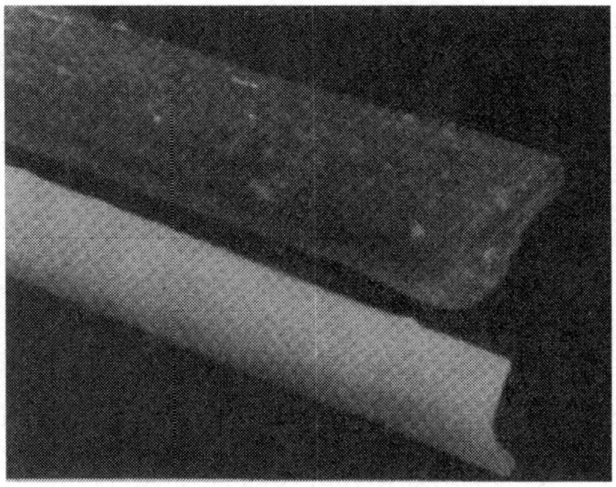

Abb. 22: Bruchstücke eines gelben und grünen Glasstabes aus Tell-el-Amarna um 1350 v. u. Z., ohne Nr.

In beiden Gläsern sind Einschlüsse recht grober, schlecht verteilter gelber Pigmentkörper zu erkennen (Durchmesser der Stäbchen ~3 – 4 mm)

4.1.5. Rote Gläser (Hämatinonglas)

Rote Gläser finden sich ebenso wie gelbe nur in geringen Mengen in der Kollektion der Glasstäbchen aus Amarna. Die Gläser sind durch ausgeschiedenes Cu_2O intensiv gefärbt und getrübt und zeigen ein siegellackähnliches Aussehen. Das Material erscheint visuell recht homogen, Ziehstreifen sind nur in geringem Umfang auf der Oberfläche der Stäbe erkennbar. Wie die Analyse des Glases Nr. *4* der Tab. 1 ausweist, ist ein recht erheblicher Kupferanteil im Glas enthalten. Die Herstellung derartiger Gläser, die Kupferverbindungen in einer Oxydationsstufe enthalten, die unter den Herstellungsbedingungen des Glases nicht selbstverständlich ist, ist nicht einfach. Unter den normalen Schmelzbedingungen neigen die dem Glassatz zugegebenen Kupferverbindungen dazu, im zweiwertigen Ladungszustand vorzuliegen und dem Glas eine blaue bzw. grüne Farbe zu verleihen. Erst wenn bewußt reduzierende Bedingungen sowohl in der Gasatmosphäre des Schmelzraumes als auch in der Schmelze selber erzeugt werden, ist die Voraussetzung zur Bildung des Cu_2O gegeben. Ist die reduzierende Wirkung zu intensiv, so geht der Reduktionsprozeß bis zum metallischen Kupfer, das sich dann als Regulus am Boden des Schmelzgefäßes findet, während das Glas keine Spur einer Kupferfärbung mehr zeigt.

Der in den roten Gläsern enthaltene Anteil an SnO_2 trägt — wie bereits erwähnt — zur Rotfärbung des Kupfers bei, jedoch auch nur dann, wenn geeignete reduzierende Voraussetzungen geschaffen sind, die das zunächst vierwertige Zinn in den zweiwertigen Zustand überführen, das nun seinerseits zur Reduktion des CuO zu Cu_2O in feinster Dispersion beiträgt. Wie bereits erwähnt, weist Thompson [15] auf die Möglichkeit hin, daß bereits 700 v. u. Z. in antiker Zeit Purpurgläser erzeugt wurden, wo, wahrscheinlich unbewußt und ohne Erkennen der ursächlichen Zusammenhänge, derartige Effekte ausgenutzt wurden. Die lichtmikroskopische Untersuchung der roten Gläser läßt eine ungewöhnlich homogene Verteilung der extrem kleinen Cu_2O-Partikel erkennen, die eine außerordentliche Farbdichte erzeugen. Im durchfallenden Licht erscheint das Glas in dünnen Schichten blau, was auf einen nahezu kolloidaldispersen Verteilungsgrad des Cu_2O hinweist. Es finden sich reichlich fein verteilte und in Zugrichtung des Stabes orientierte Mullitnadeln, vereinzelt Blasen, aber keine Galleeinschlüsse.

4.1.6. Farblose und türkisfarbene Trübgläser

Vertreter dieser Gruppe sind die Gläser Nr. *5*, *7* und *8* der Tab. 1. In ihrer Grundzusammensetzung unterscheiden sie sich nicht von allen anderen Gläsern. Abgesehen von dem farblosen, schwach durchsichtigen Glas Nr. *8* enthalten alle Trübgläser dieser Reihe relativ viel Antimonoxid, ohne daß gleichzeitig Blei in größeren Mengen zugegen ist. Antimonoxid ist hier als glastrübende Komponente verwendet worden im Gegensatz zu anderen Gläsern, wo SnO_2 als Trübmittel eingesetzt wurde. Die türkisblauen Gläser enthalten darüber hinaus als färbende Komponente Kupfer in wechselnden Mengen. Die mikroskopische Untersuchung dieser Gläser läßt starke Inhomogenitäten, besonders hinsichtlich der trübenden Glasbestandteile erkennen. Es finden sich Bereiche intensivster neben solchen minimaler Trübung. Die im Glas ausgeschiedenen Trübkörper sind extrem klein und in ihrer Größe vergleichbar ($\sim 1\ \mu m$). Die Gläser enthalten darüber hinaus Gas- und Galleblasen aber relativ wenig kristalline Einschlüsse von unaufgeschmolzenem Quarz.

Die eingehende Untersuchung aller Gläser läßt erkennen, daß für die Zusammenstellung der Gemenge (Mischung der Rohstoffe) bereits exakte Vorschriften bestanden haben müssen und es ist bewundernswert, wie trotz der unterschiedlichen und in ihrer Zusammensetzung stark schwankenden Rohstoffe relativ gut reproduzierte Schmelzen angefertigt wurden. Die Tatsache, daß die zur Anwendung kommenden Naturstoffe eine große Anzahl unterschiedlicher chemischer Verbindungen enthalten und somit Vielstoffsysteme mit nicht selten 20 Komponenten entstanden, führt dazu, daß alle diese Gläser trotz des hohen Alkaligehaltes eine relativ gute chemische Beständigkeit aufweisen. Die chemische Beständigkeit der ägyptischen und vorderasiatischen Gläser aus der Zeit vor der Zeitenwende — insbesondere der 18. Dynastie — ist, wie die Praxis zeigt, gegenüber der chemischen Beständigkeit der Gläser der späteren Zeit unvergleichlich besser, was nicht nur auf einen Austausch des Natriums durch Kalium zurückzuführen ist, sondern mit den unbewußt in das Glas hineingeratenen Verunreinigungen im Zusammenhang steht. Die zunehmende Stoffkenntnis in den nachfolgenden Jahrhunderten führte sicherlich zu einer teilweisen Veredelung und Aufbereitung der Rohstoffe, wodurch Verunreinigungen ausgeschieden und so den Gläsern in bezug auf ihre chemische Beständigkeit unbewußt wertvolle Bestandteile entzogen wurden, bevor man deren Wirkung effektiv erkannte und dann diese Bestandteile bewußt wieder hinzufügte.

4.2. Untersuchungen zur Reproduktion der „Amarnagläser" sowie zur Reproduktion der antiken Verarbeitungstechnik

Die durch eine chemische Analyse bestimmbare Zusammensetzung eines Stoffes in Qualität und Quantität gibt zwar eine Vorstellung von dem Stoff selber, von seinen möglichen Eigenschaften, vermittelt aber — und das trifft ganz besonders für Gläser zu — keinen unmittelbaren Einblick in die Methodik der Herstellung und die hierzu verwandten Rohstoffe. Die Möglichkeit, bei der Herstellung von Gläsern von chemischen Verbindungen unterschiedlicher Zusammensetzung auszugehen, die beim Schmelzprozeß letzten Endes durch entsprechende chemische Reaktionen in vergleichbare chemische Endprodukte übergehen, läßt es nicht ohne weiteres zu, von vornherein auf die Verwendung dieser oder jener Ausgangsstoffe zu schließen. Wahrscheinlich ist, daß weitgehend in der Natur direkt vorkommende Minerale oder Gemische von solchen als Rohstoffe Verwendung gefunden haben, obgleich auch hiergegen in manchen Fällen Bedenken erhoben werden können. Die stufenweise Erzeugung von Gläsern über bestimmte Vorprodukte, die z. B. zur Ausscheidung von übermäßigen Glasgallemengen führte und bei der teilweise bereits silikatchemische Reaktionen abliefen, wäre im weitesten Sinne als eine Rohstoffveredelung aufzufassen. So lassen sich mit Sicherheit alte assyrische Keilschrifttexte [15, 17] und [19], aus Ninive, der assyrischen Hauptstadt am Ostufer des Tigris (700 v. u. Z.) erkennen, daß zur Bereitung eines bestimmten Farbglases vorgefertigte Sinterstufen unterschiedlicher Zusammensetzung, z. B. als Zuku-Glas oder Ahusu-Glasur bezeichnet, Verwendung fanden. Diese vorgefertigten Sinterprodukte wurden erneut unter Hinzufügung von weiteren Glaskomponenten und Farboxiden zu den eigentlichen Fertigprodukten zusammengeschmolzen. Eine analoge Verfahrenweise wird sicherlich auch in Ägypten zur Anwendung gekommen sein. Besondere Schwiergkeiten werden bei der Verwendung der natürlichen Soda aufgetreten sein. Lassen doch die Analysenwerte der verschiedenen natürlichen Sodavorkommen erkennen, daß der Gehalt an unerwünschten und dem Glasschmelzprozeß nicht dienlichen Alkaliverbindungen wie Na_2SO_4 und NaCl teils extrem groß sind und z. B. im Wadi-Natrun etwa 40% betragen [2]. Es ist heute nicht mehr mit Sicherheit nachzuweisen, ob bereits damals bekannt war, daß durch Zugabe von Kohlenstoff (Holzkohle oder andere in der Hitze verkohlende Verbindungen, wie Stärke etc.) zu solchen sulfathaltigen Schmelzprodukten eine Reduktion des Na_2SO_4 zu Verbindungen möglich ist, die dann über einige Zwischenprodukte schließlich als Na_2O eine silikatische Bindung mit Sand eingehen und so praktisch an Stelle von Soda Verwendung finden können. Die Erzeugung des roten Hämatinonglases, bei dem keine Galleeinschlüsse nachgewiesen werden konnten (siehe 3.1.5.), zeigt jedoch, daß im Prinzip diese Wirkung des Kohlenstoffes hinsichtlich einer Verminderung der Glasgallebildung praktisch zur Anwendung kam; ob dieser Effekt bereits erkannt wurde, sei dahingestellt.

Einen besonderen technischen Einfluß besitzt weiterhin die Temperaturführung des Schmelzprozesses selber, wobei die Zeit, die zur Erreichung der Schmelztemperatur erforderlich ist, dann große Bedeutung erlangt, wenn die Ofenatmosphäre hierbei einem Wechsel von reduzierend und oxidierend unterworfen ist. Dabei können oxidations- oder reduktionsempfindliche Glasrohstoffe (vor allem CuO, PbO, Sb_2O_3 etc.) ungeeignete Veränderungen erfahren, bevor die erforderlichen chemischen Reaktionen in Richtung einer Silikatbildung eingetreten bzw. abgelaufen sind. Auch hinsichtlich der Ofenführung und deren Bedeutung für den Glasschmelzprozeß wurde bereits in den frühen assyrischen und babylonischen Glastexten Anweisungen gegeben, die besagen, daß für diese oder jene Zwecke ein „gutes klares Feuer" oder aber eine „rauchende Flamme" geeignet sei [15].

Ganz zweifellos werden die Glasschmelzer der Antike mit all den hier angedeuteten Schwierigkeiten einen ständigen Kampf geführt haben, und nur eine fast an das Unwahrscheinliche grenzende Beobachtungsgabe und das Registrieren einer Summe von Einzeltatsachen hat ohne eine Kenntnis der Zusammenhänge zu Erzeugnissen geführt, die uns noch heute in Form von Glasgegenständen oder Bruchstücken davon erhalten geblieben sind.

Die Versuche zur Reproduktion der Gläser im modernen Laboratorium des 20. Jahrhunderts haben den Nachteil, daß es schwerfällt, von all den uns heute geläufigen Selbstverständlichkeiten soweit zu abstrahieren, daß in der Tat nur noch diejenigen Dinge übrig bleiben, die vor mehr als 3000 Jahren möglich gewesen sein können. Zweifellos gelingt es uns heute mit geeigneten technischen Mitteln, diese Verhältnisse zu reproduzieren, ohne daß hierzu ein mit Holz beheizter Ofen erforderlich ist oder daß wir die Originalausgangsstoffe der Frühzeit verwenden. Die Reproduktionsversuche wurden in chemischer und physikalischer Hinsicht auf die wahrscheinlichen Arbeitsverhältnisse der Frühzeit eingestellt, und es soll nicht unerwähnt bleiben, daß es keinesfalls immer beim ersten Versuch gelungen ist, alle Gläser in der den Fundobjekten entsprechenden Qualität und Farbtönung zu reproduzieren und daß trotz modernster physikalischer Untersuchungsmöglichkeiten, die zur Testung der Originalgläser eingesetzt wurden, immer wieder Fragen offen standen, deren Beantwortung keinesfalls selbstverständlich war.

Die zur Erschmelzung der Gläser erforderlichen Gemenge (Mischung der verschiedenen Rohstoffe), wurden aus chemisch reinen Stoffen entsprechend der Zusammensetzung der Originalgläser hergestellt, wobei selbst Spurenanteile und ebenfalls die Komponenten der natürlichen Soda, also Chloride und Sulfate des Natriums in sinnvollen Mengen zugefügt wurden. Die im Elektroofen durchgeführten Schmelzen wurden in normal oxidierender Atmosphäre ausgeführt. Bei Schmelztemperaturen von 1100°C verlief der Schmelzprozeß äußerst langsam, und der Aufschluß gröberer Gemengepartikel — vornehmlich von SiO_2 — erfolgte meist unvollständig. Eine Farbtönung mit Kupfer und Kobalt war gut erreichbar. Wie zu erwarten, zeigte sich eine kräftige Gallebildung, die zweifellos für das Aussehen der Gläser entscheidend ist und nicht zuletzt eine gewisse Trübung im Glas hinterläßt und zur Narbenbildung auf der Glasoberfläche führt. Das fertig erschmolzene Glas unterschied sich weder in chemischer noch in physikalischer Hinsicht von den Antik-Gläsern. Verarbeitungstechnisch — und das trifft für alle Gläser zu — bereiten die Glasschmelzen nicht unwesentliche Schwierigkeiten, da es sich, wie bereits erwähnt, um sogenannte „kurze Gläser" handelt. Die Reproduktion der braunen, türkisblauen, weißen, blauschwarzen und nahezu farblosen Gläser verlief ohne Schwierigkeiten. Wesentlich komplizierter war dagegen die Herstellung des roten Hämatinonglases und insbesondere der gelben Gläser, da hier neben besonderen Schmelzbedingungen Rohstoffkombinationen erforderlich sind, die keinesfalls mehr als ein Zufallsprodukt in der Frühzeit der Glasherstellung angesehen werden können. Zur Erzeugung dieser Gläser in damaliger Zeit waren systematische Erprobungen auch von zunächst scheinbar wenig sinnvollen technischen Operationen und besonders der Einsatz von scheinbar abstrakten Komponenten zu den Glasgemengesätzen erforderlich. Eine Erzeugung des roten Hämatinonglases ist z. B. dann möglich, wenn dem Glassatz die weitgehend äquivalente Menge Cu und CuO, woraus sich Cu_2O bildet, zugegeben wird, wobei gleichzeitig die Anwesenheit geringer Mengen reduzierender Komponenten wie Holzkohle etc. erforderlich ist. Ein Teil des eingesetzten Kohlenstoffes bzw. des Reduktionsmittels wird für die

Reduktion des Na_2SO_4 verbraucht, woraus das Fehlen von Glasgalle in den antiken Hämatinongläsern zu erklären ist. Ein Überschuß an Reduktionsmitteln führt aber zweifellos zur Reduktion des gesamten Kupferoxides zu metallischem Kupfer. Wird zur Herstellung der roten Gläser von Kupfer-Karbonat (Malachit) oder von Grünspan (basisches Kupferacetat) ausgegangen, so ist ein höherer Anteil an Reduktionsmittel erforderlich. Wahrscheinlich ist, daß sogenannter Kupferhammerschlag, eine natürliche Mischung von metallischem Kupfer und Kupfer-(I)-oxid, Verwendung gefunden hat, ein Material, das bei der heißen Verformung von metallischem Kupfer entsteht und von dessen Oberfläche abplatzt. Eine weitere Möglichkeit zur Beeinflussung des Oxidationsgrades des Kupfers ist durch eine reduzierende Einstellung der Ofenatmosphäre gegeben. Eine solche Atmosphäre erhält man dann, wenn dem Heizstoff des Ofens nicht ausreichend Luft zugeführt wird, also die Verbrennung unvollständig erfolgt, was sicherlich oftmals unbeabsichtigt eingetreten ist. Sicher ist, daß sowohl eine Zugabe von reduzierenden Stoffen zu dem Gemengesatz erfolgte (Fehlen von Glasgalle), als auch die Möglichkeiten einer teils reduzierenden Ofenatmosphäre genutzt wurden. Die richtige Dosierung stellt allerdings an den Glasschmelzer hohe Anforderungen und wird nicht immer gelungen sein, worauf das relativ seltene Vorkommen der roten Hämatinongläser schließen läßt. Hämatinongläser sind glastechnisch schwierig zu verarbeiten, da sie zäh und wenig plastisch sind.

Die Reproduktion der gelben Gläser bereitete ebenfalls große Schwierigkeiten, da — wie es sich zeigte — hierzu eine ganz besondere Technik erforderlich ist. Der durch Röntgenanalyse ermittelte gelbe Farbstoffträger dieser Gläser ist — wie bereits mitgeteilt wurde — im Glasschmelzfluß selber aus den Komponenten Sb_2O_3 und PbO nicht erzeugbar, da hierzu extreme Synthesebedingungen erforderlich sind. Die in der Natur vorkommenden Minerale der Stibiconitreihe (Antimonocker) lassen sich durch Erhitzen in intensiv gelbe bis gelb-rote Verbindungen analog dem bereits erwähnten Neapelgelb überführen. Diese Verbindung ist hitze- und alkalibeständig, zersetzt sich jedoch bereits in Gegenwart sehr schwacher Säuren. Ein Versuch, Neapelgelb direkt dem Gemengesatz, der ja relativ hohe Sodamengen enthält, hinzuzufügen und diese Verbindung über den gesamten Schmelzprozeß hinweg zu erhalten, mißlang. Das fertige Glas zeigte keinerlei Gelbfärbung! Wurde jedoch der gelbe Farbstoff der fertigen Glasschmelze zugefügt und durch kräftiges Rühren im Glas verteilt, was erstaunlich gut gelang, so blieb diese Verbindung — allerdings nur über eine relativ kurze Zeitspanne — erhalten, und es entstand ein getrübtes gelbes Glas. Die Zersetzungsgeschwindigkeit des Neapelgelb ist unter den thermischen und chemischen Bedingungen der Glasschmelze — wie entsprechende Versuche ergaben — relativ hoch, so daß die Herstellung des gelben Glases, auch vom technischen Standpunkt aus gesehen, recht schwierig ist, und das Einrühren des Farbstoffes in den zähen Glasschmelzfluß und die nachfolgende Verarbeitung des Glases, z. B. zu Stäben oder anderen Gegenständen, muß mit geringem Zeitaufwand erfolgt sein. Die gleichen Zersetzungserscheinungen des gelben Farbstoffes, wie sie bei den Reproduktionsversuchen auftraten, konnten an den gelben Orignalgläsern der 18. Dynastie ermittelt werden. Bei Temperaturen von 800 °C erfolgte eine Zerstörung des Farbstoffes innerhalb von etwa einer Stunde, während bei 1 000 °C bereits nach 5 ··· 10 Minuten kein Farbstoff mehr im Glas nachweisbar war. Die Zersetzungsgeschwindigkeit des Bleiantimonates ist darüber hinaus stark abhängig vom Alkaligehalt des Glases, so daß z. B. bei einem Na_2O-Gehalt der Glasschmelze von etwa 25% eine kaum merkliche Zersetzung bei 1 000°C erfolgt, ganz im Gegensatz zu Schmelzen mit einem Na_2O-Gehalt in der Größenordnung von 16 ··· 18%. Diese Tatsache war zweifellos für die Erzeugung der gelben Glasuren vorteilhaft, da deren Alkaligehalt höher liegt als derjenige der Gläser. Da jedoch interessanterweise zur Herstellung der gelben Gläser teilweise Zusammensetzungen benutzt wurden, die einen relativ geringen Alkaligehalt aufweisen (s. Tab. 1, Glas Nr. *3*), ist zu vermuten, daß die genannten Zusammenhänge als solche unbekannt waren und die in diesen Gläsern enthaltenen, oft recht großen Farbstoffklumpen sowie die relativ schlechte Verteilung des Farbstoffes im allgemeinen auf eine notwendig rasche Verarbeitung entsprechend der genannten Methode hinweisen.

Zum Zwecke einer Herstellung von Gefäßen nach dem sogenannten Sandkernverfahren, das in seiner technischen Ausführung von Rathgen [18] beschrieben wurde, wurde zunächst eine größere Anzahl von Scherben solcher Sandkerngefäße eingehend untersucht. Glasscherben dieser Art wurden sowohl aus den Sammlungen der ägyptischen Abteilung der Staatlichen Museen zu Berlin entnommen, die größtenteils aus den Funden der Deutschen Orientgesellschaft in Tell-el-Amarna stammen. Andererseits stellte T. E. Haevernick eine Reihe ägyptischer Sandkerngefäßscherben freundlicherweise zur Verfügung, die der 18. bis 20. Dynastie zugeordnet werden können. Zur näheren Untersuchung dieser Scherben wurden Dünnschliffe im Querschnitt davon angefertigt, sowohl in der vertikalen als auch in der horizontalen Ebene des ehemaligen Gefäßes. Diese Dünnschliffe wurden mikroskopisch untersucht. Die Gläser zeigten ebenfalls starke Inhomogenitäten, wobei Schlieren, vereinzelt runde Luftblasen und vor allem kristalline Ausscheidungen festgestellt wurden, die durch langes Halten des Glases im plastischen Zustand bei Temperaturen über 650 °C während der Bearbeitungszeit entstehen. Die Kristallausscheidungen bilden sich bevorzugt an den Oberflächen von Gläsern oder aber längs von Schlierenbahnen an Luft- oder Galleblasen etc., so daß hierdurch der Eindruck einer Schichtung des Glasscherbens entstehen kann. Die untersuchten Dünnschliffe ließen eindeutig erkennen, daß die Glaswand der Gefäße durch Eintauchen des heißen Sandkernes in die zähe Glasschmelze hergestellt wurde, wobei gelegentliches „Überfangen", d. h. mehrmaliges Tauchen, nicht ausgeschlossen ist. Das Eintauchen eines Sandkernes in eine mit Schlieren durchsetzte Schmelze bedingt beim Herausziehen eine Orientierung dieser Schlierenbahnen in der Ebene der Glaswandung und somit eine scheinbare Schichtbildung (Abb. 23 und Abb. 24).

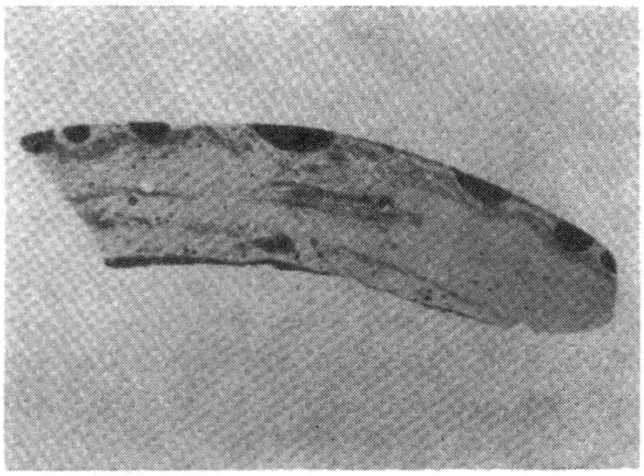

Abb. 23: Dünnschliff vom Scherben eines Sandkerngefäßes mit in die Glasoberfläche eingeschmolzenen Farbgläsern zu Dekorzwecken

Auf der Innenwandung des Gefäßscherbens finden sich Reste des Sandkernes. Kristallausscheidungen im Inneren des Glases an Schlierenbahnen täuschen eine Schichtbildung vor (Dicke des Scherbens = 4,2 mm)

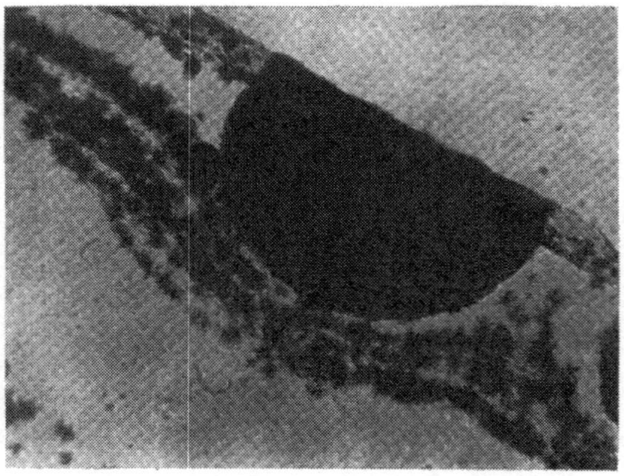

Abb. 24: Der gleiche Dünnschliff wie *Abb. 23*, jedoch bei 100facher Vergrößerung

Die durch Kristallausscheidungen während des Bearbeitungsprozesses gekennzeichneten Schlieren sind durch die in die weiche Glasmasse eingedrückten Farbglasstäbchen aus ihrer ehemaligen Lage verdrängt. Die Oberfläche des Sandkerngefäßes ist geschliffen und poliert. Am äußeren Rand des Scherbens ist eine Verwitterungsschicht zu erkennen

Wie praktische Tauchversuche mit Sandkernen und Gläsern antiker Zusammensetzung bei Temperaturen von 1100 °C gezeigt haben, ist ein solcher Tauchprozeß auf Grund der Viskositätsverhältnisse des Glases prinzipiell möglich. Das auf dem Sandkern haftende Glas ist hierbei jedoch nicht gleichmäßig verteilt, wobei besonders der untere Teil des Gefäßes automatisch dickwandiger wird und häufig zu einem Fußstück ausgezogen wurde. In einigen Fällen wurde, wie Sandkernscherben aus der Amarnaperiode gezeigt haben, dieser untere dickwandigere Teil des Gefäßes breitgedrückt, so daß ein flacher Fußsockel entsteht, dem noch die Spuren der Werkzeuge, die zur Bearbeitung benutzt wurden, anhaften (Abb. 25 und Abb. 26). Das bei

Abb. 25: Bodenteil eines Sandkerngefäßes aus blauem Glas mit gelbfarbig aufgelegtem Dekor
Prov. Nr. 122 aus Tell-el-Amarna (um 1350 v. u. Z.) (Einblick von oben in das ehemalige Gefäß)

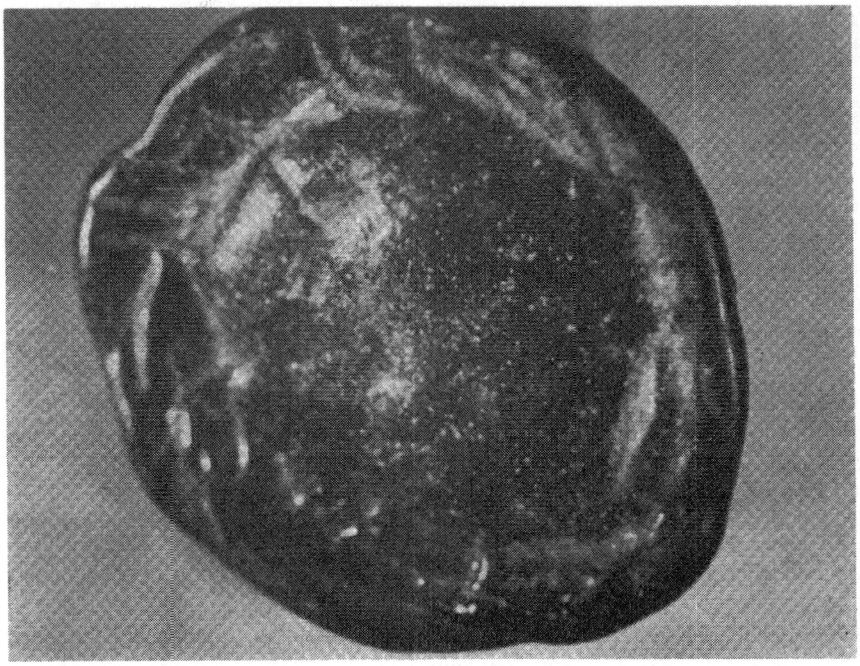

Abb. 26: Bodenteil eines Sandkerngefäßes Abb. 25 mit den Spuren von Formwerkzeugen, mit denen das noch weiche Glas — nach dem Tauchen des Sandkernes in die Glasmasse — breit gedrückt wurde

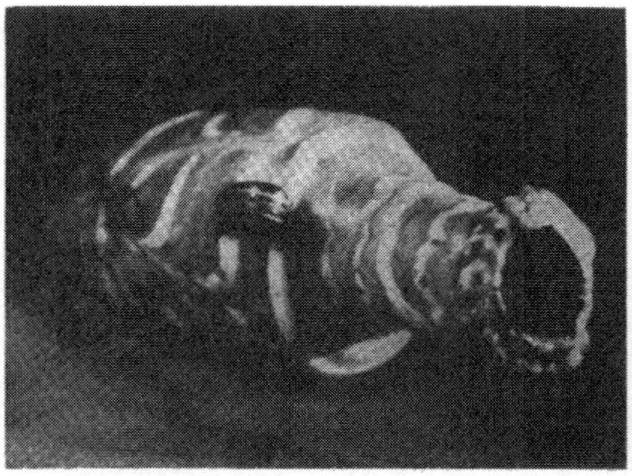

Abb. 27: Gut erhaltenes Sandkerngefäß; Inv. Nr. 20578, von Petrie in Gorub (Mittelägypten) gefunden (Ende 18. Dynastie)

Abb. 28: Scherbe eines Gefäßes aus dunklem Glas mit grünen, gelben und weißen Einschmelzungen und hellblau aufgelegtem Dekor

Prov. Nr. 21 aus Tell-el-Amarna um 1350 v. u. Z. (Bruchfläche wurde angeschliffen)

Abb. 29: Scherbe einer Schale aus gelbem, hell- und dunkelblauem Glas Prov. Nr. 19 aus Tell-el-Amarna

Drei vorhandene Fragmente zeigen auf Grund ihrer Form, daß es sich hierbei um eine Schale gehandelt haben muß. Auf der Innenseite ist ein Teil einer Kartusche (im Ring geschriebener Königsname) mit dem Cheper-Zeichen sichtbar. Der Name läßt sich nur zu Men-cheper-Re (= Thutmosis III) ergänzen

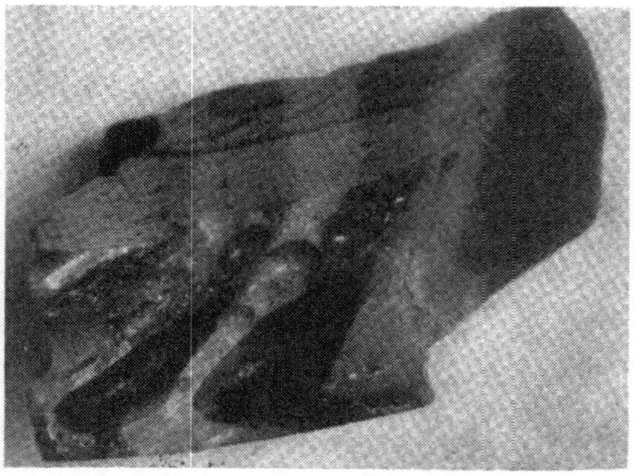

Abb. 30: Seitenansicht des Glasscherbens Abb. 29

Zwischen den durch den ganzen Scherben durchgängigen Farbglasschichten sind große Luftblasen eingeschlossen. (V = 10x)

der Bearbeitung erforderliche ständige Wiedererwärmen des Sandkernes, der mit der Glasmasse überzogen ist, zum Zwecke des Aufbringens der teils sehr komplizierten Dekore durch Aufschmelzen und Einrücken von farbigen Glasfäden und Glasstäben (Abb. 27 und Abb. 28) gab zweifellos den Anlaß, die an und für sich relativ wenig kristallisationsbeständigen Gläser der Frühzeit zur partiellen Kristallisation zu bringen. Es finden sich demzufolge weit mehr kristalline Ausscheidungen im Glas der Gefäßscherben als in Halbfertigprodukten wie z. B. den Glasstäben.

In einem einzigen Fall konnte eine Glasscherbe einer recht dickwandigen Glasschale untersucht werden (Abb. 29), die offensichtlich nicht nach dem Tauchverfahren hergestellt wurde. Die Seitenansicht dieses Glasscherbens läßt erkennen (Abb. 30), daß hierbei Gläser unterschiedlicher Färbung durchgängig am Gesamtaufbau der Glasschale beteiligt sind, derart, daß ein schichtweiser Scherbenaufbau entsteht. Zwischen den einzelnen Farbglasschichten befinden sich Lufteinschlüsse, die nicht von Anfang an im Glas enthalten gewesen sein können, sondern

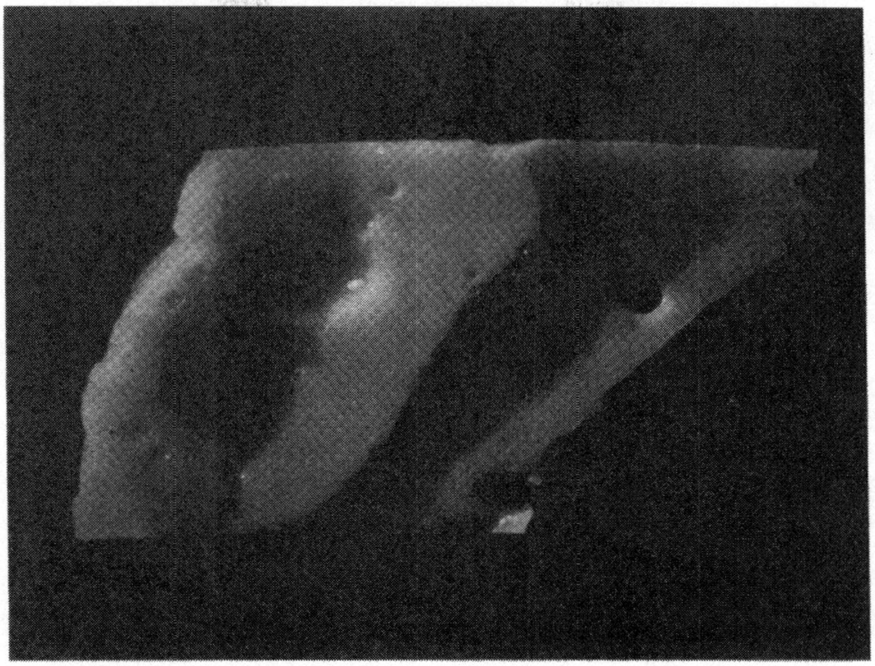

Abb. 31: Anschliff des Scherbenquerschnittes eines Bruchstückes der Glasschale *Abb. 29*

Es wechseln gelbe mit dunkel- und hellblauen Glasbändern beim Aufbau des Scherbens ab. (Durch die Anfertigung von Dünnschliffen für mikroskopische Untersuchungen war ein teilweiser Substanzverlust des Scherbenbruchstückes mit der prov. Nr. 20 nicht zu umgehen

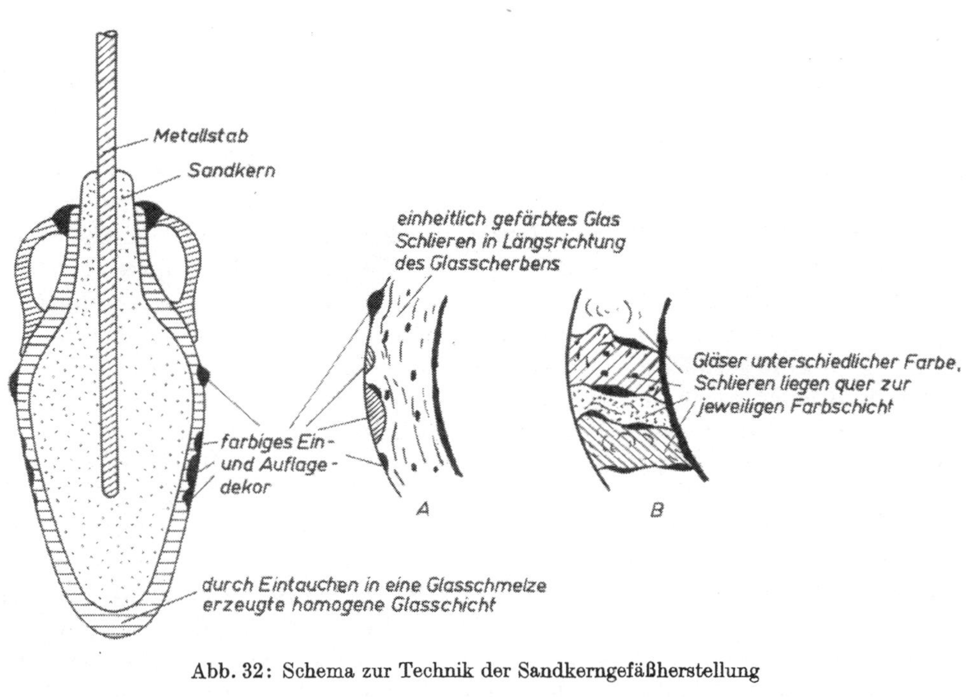

Abb. 32: Schema zur Technik der Sandkerngefäßherstellung

(Querschnitt durch Sandkerngefäßscherben in Längsrichtung des Gefäßes: *A* – hergestellt nach dem Tauchverfahren; *B* – hergestellt nach der Wickeltechnik)

die beim Wickeln und Zusammenschmelzen von Glasstäben bzw. Glasbändern eingeschlossen wurden (Abb. 31). Diese Glasscherbe stellt eine primitive Form der Millefioritechnik dar.

Die Abb. 32 veranschaulicht schematisch den Aufbau von Sandkerngefäßen. Die Scherbenquerschnitte A und B verdeutlichen die Unterschiede im strukturellen Aufbau der nach den beiden Verfahren hergestellten Gefäße (vgl. auch Abb. 23, 24 und Abb. 28 mit Abb. 29, 30 und Abb. 31). Während beim Tauchverfahren (Abb. 32 A) Schlieren und Blasenbahnen in der Längsrichtung des Scherbens orientiert sind (vgl. Abb. 33) finden sich beim Wickelverfahren (Abb. 32B) Schlierenlagen als Wirrlagen in der Querrichtung (Abb. 34) der einzelnen ineinandergeschmolzenen Glasbänder oder Stäbe, und große nicht runde Lufteinschlüsse kennzeichnen die Anschmelzstellen. Farbglasdekore sind bei Glasgefäßen, die nach dem Tauchverfahren hergestellt wurden, niemals durchgängig durch den gesamten Scherben sondern sind zunächst aufgelegt, dann nach erneutem Erhitzen des gesamten Gefäßes durch Wälzen auf einer geeigneten Unterlage in die Glasschicht eingedrückt (Abb. 28).

In den meisten Fällen wurde durch Überschleifen des gesamten Gefäßes nach dessen Fertigstellung eine zusätzliche Glättung vorgenommen, so daß die Farbglaseinlagen nicht mehr über die Oberfläche des eigentlichen Gefäßes hinausragen. Die schleiftechnische Bearbeitung und das nachfolgende Polieren der Sandkerngefäße wird ein nicht geringer Arbeitsaufwand unter den damaligen technischen Bedingungen gewesen sein.

Bei den nach dem Wickelverfahren hergestellten Glasgefäßen sind Farbdekore durch den gesamten Scherben durchgängig (Abb. 31), was dadurch erreicht wurde, das einfach verschiedenfarbiges Glas zum Wickeln auf einen Sandkern benutzt wurde. Auflagedekore wären selbstverständlich auch hier möglich gewesen.

Zur Reproduktion beider Verfahren war es erforderlich, zunächst den Sandkern herzustellen. Reste von solchen Kernsubstanzen, die noch in einigen Scherben gefunden werden konnten, ergaben ein durch die Lagerung im Erdboden stark verfälschtes Bild hinsichtlich der Zusammensetzung. Danach besteht die Sandkernsubstanz aus etwa 45% $CaCO_3$ in Form von Calcit, etwa 46% SiO_2 (zum größten Teil als Sand) und etwa 5% Tonsubstanz. Entsprechend zusammengesetzte Mischungen aus SiO_2, $CaCO_3$ und Ton lassen sich zwar durch Brennen erhärten, sind aber so wenig mechanisch fest, daß eine Verwendung für den vorgesehenen Zweck praktisch nicht in Frage kommt. Viel besser eignen sich einfache Mischungen aus Sand (mit einem möglichst großen Anteil an Feinkorn) und einfachem Töpferton in einem Mischungsverhältnis von etwa 80 : 20 Gewichtsteilen. Die feuchte Mischung läßt sich relativ gut formen und erreicht nach dem Brand bei Temperaturen um 900 °C eine Festigkeit, die einerseits der mechanischen und selbstverständlich der thermischen Beanspruchung bei der Herstellung der Sandkerngefäße genügt, andererseits aber nach der Fertigstellung des Gefäßes aus der Glashülle herauskratzbar ist.

Eine ganz wesentliche Voraussetzung für die Herstellung von Sandkerngefäßen ist die Beachtung des unterschiedlichen Ausdehnungsverhaltens zwischen Sandkern und Glashülle. Würde sich z. B. die fest um den Sandkern aufgeschmolzene Glashülle während des Abkühlprozesses, nachem das Glas bereits seine plastischen Eigenschaften verloren hat (Temperaturen unterhalb des Erweichungsintervalles), stärker zusammenziehen als der Sandkern, so würde unter allen Umständen ein Bruch der Glaswandung erfolgen. Im umgekehrten Fall wird, da die Festigkeit des Sandkernes gegenüber derjenigen des Glases geringer ist, keine Schädigung des Glases erfolgen. Die Längenänderungen Δl als Funktion der Temperatur von Gläsern und dem Sandkernmaterial sind in Abb. 35 gegenübergestellt. Die Kurve III gibt das Ausdehnungsverhalten eines Sandkernes wieder, der aus 80% Sand und 20% Töpferton hergestellt wurde. Die Längenänderung dieses Materials wird im wesentlichen bestimmt durch das Ausdehnungsverhalten des α- oder Tiefquarzes, der bei 578 °C eine reversible Umwandlung in den β- oder Hochquarz erfährt. Die Ausdehnungskurve zeigt demzufolge bei Temperaturen unter 578 °C eine starke Längenänderung, die den Eigenheiten des α-Quarzes entspricht, wobei nach erfolgter Umwandlung keine wesentliche Längenänderung (β-Quarz) mehr in Erscheinung tritt.

Diesem charakteristischen Verlauf der Ausdehnungskurve des Sandkernes muß das Glas entsprechen, wenn das Sandkerngefäß den Herstellungsprozeß und die daran sich anschließende Kühlung überstehen soll. Die Kurve *I* veranschaulicht nunmehr das Ausdehnungsverhalten eines Glases, das zur Herstellung von Sandkerngefäßen Verwendung gefunden hat.

Die Ausdehnung des Glases ist geringer als diejenige des Sandkernes, der Erweichungspunkt des Glases fällt etwa mit dem Ausdehnungssprung der α–β-Umwandlung des Quarzes des Sandkernes bei 578 °C zusammen. Ein Glas mit dem Ausdehnungsverhalten gemäß Kurve *II* (Abb. 35) ist für die Herstellung eines Sandkerngefäßes absolut ungeeignet, da beim Abkühlprozeß von Sandkern und Glashülle unweigerlich eine Fraktur des Glases eintritt. Da diese Erkenntnisse in der Antike nicht vorhanden gewesen sein können, war man effektiv auf das Experiment an-

Abb. 33: Schlierenaufnahme von der geätzten Bruchfläche eines nach dem Tauchverfahren hergestellten Sandkerngefäßscherbens. Schlieren liegen nahezu parallel zur Gefäßwandung (V = 50x)

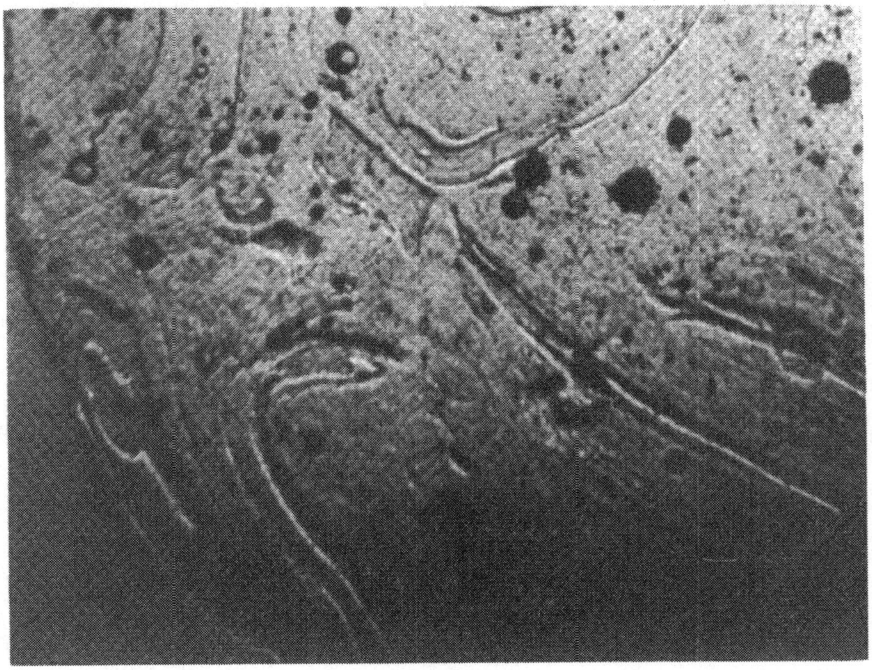

Abb. 34: Schlierenaufnahme von der geätzten Bruchfläche einer Glasschale (Abb. 29, 30 und 31), die nach dem „Wickelverfahren" (primitive Form der Millefioritechnik) hergestellt wurde. Schlieren liegen in Wirrlage zur Oberfläche des Scherbens (V = 100x)

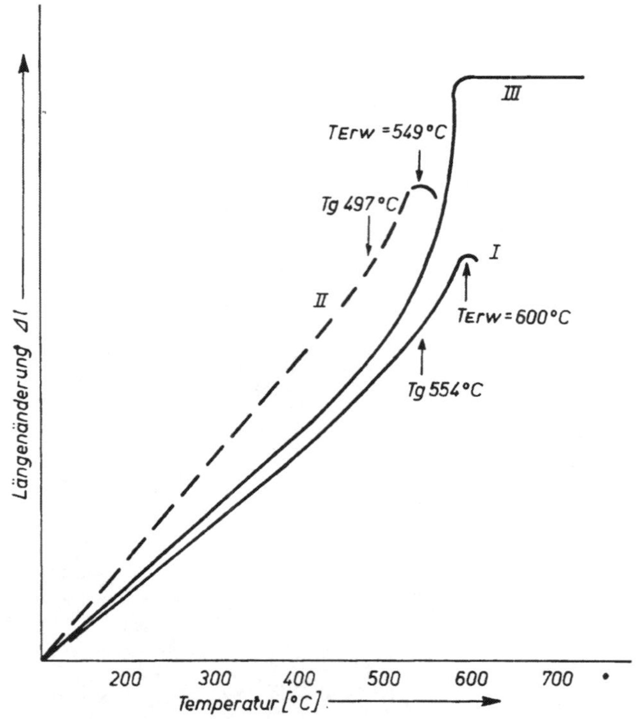

Abb. 35: Das Ausdehnungsverhalten von Sandkernen und Gläsern als Funktion der Temperatur

Abb. 36: Ergebnis eines Reproduktionsversuches zur Herstellung von Sandkerngefäßen unter Benutzung von Gläsern der Zusammensetzung der Antike und unter Berücksichtigung der technischen Verhältnisse des 14. Jahrhunderts v. u. Z.

gewiesen, wobei erst nach Fertigstellung des Gefäßes festzustellen war, ob das jeweils geschmolzene Glas geeignet oder ungeeignet ist. Derartige — unter den damaligen Verhältnissen unerklärliche — Erscheinungen, die zumal im Bereich der Schwankungsbreite der normalen Zusammensetzung dieser Gläser auftreten, lassen es verständlich erscheinen, das Mißlingen der Herstellung solcher Gefäße auf das Walten übernatürlicher Kräfte zurückzuführen und entsprechende Maßnahmen zur Besänftigung böser Geister zu treffen [15]. Ebenso wie zwischen dem Ausdehnungsverhalten des Sandkernes und demjenigen des Glases eine bestimmte, durch Naturgesetze festgelegte Relation bestehen muß, ist es nicht möglich, beliebige Gläser, z. B. zum Zwecke der Dekorherstellung, zusammenschmelzen. Auch hierbei müssen die Ausdehnungswerte aller miteinander zu verschmelzende Gläser weitgehend übereinstimmen, da sonst starke Spannungen im Bereich der Anschmelzstellen auftreten, die beim Abkühlen des fertigen Gegenstandes zu dessen Zerstörung führen.

Es ist zu erkennen, daß unter den Bedingungen der Frühzeit die Herstellung von Gläsern und daraus die Fertigung von Gegenständen eine mühevolle Tätigkeit gewesen ist, daß aber nicht nur der Zufall und eine Summe günstiger Umstände zum Ziel geführt haben, sondern daß vor allem eine eingehende Beobachtung all derjenigen Erscheinungen, die mit dem genannten Prozeß in Zusammenhang stehen und die richtige und sinnvolle Anwendung der gewonnenen Erkenntnisse fortschrittbestimmend gewesen sind.

An dieser Stelle sei Herrn *Dr. Steffen Wenig* gedankt für die Zurverfügungstellung der für die Untersuchungen notwendigen Materialien aus der Sammlung der Ägyptischen Abteilung der Staatlichen Museen zu Berlin sowie für wertvolle Hinweise auf historische Zusammenhänge.

Ebenso bin ich Frau *Dr. Thea-Elisabeth Haevernick*, Landesmuseum Mainz, für die Zurverfügungstellung von Untersuchungsmaterialien sowie für zweckdienliche Hinweise und das Interesse, das sie diesen Untersuchungen entgegengebracht hat, zu Dank verpflichtet.

Den *Mitarbeitern der Abteilung für physikalische Meß- und Prüfmethoden des Institutes* für Silikatforschung der DAW sei für die Anfertigung der spektrochemischen Untersuchungen gedankt.

5. Literaturverzeichnis

[1] Refior, B.: „*Ägyptische Glasgefäße des Neuen Reiches*". Glastechn. Ber. *40*, **4** (1967), 149–153

[2] Lucas, A.: „*Ancient Egyptian Materials and Industries*". London, 1962

[3] Beck, H. C.: „*Glass before 1500 B. C. Ancient Egypt and the East*", Teil 1, S. 7, London, 1934

[4] Rathgen, F.: „*Über Ton und Glas in alter und uralter Zeit.* Verlag der Tonindustrie-Zeitung, Berlin, 1913

[5] Ebeling, E.: „*Reallexikon der Assyriologie*", Berlin, 1959

[6] Burton, W.: Journ. Royal Soc. of Arts, *LX* (1912), S. 596

[7] Röder, J.: „*Bausteine und Bauplatten aus Müllglas*", Silikattechnik, **13**, *8* (1962), 278–279
Röder, J.: „*Verfahren zur Herstellung von Kunststeinen*", DWP 47600 (WP 80b/68799)

[8] „*Ägyptisches Blau*", Wochenschrift „Prometheus", Jg. XV, *30* (1846)

[9] Cooney, Cf. I. D.: Journ. Glass Studies, *II* (1960), 32–39

[10] Neumann, B.: „*Antike Gläser, ihre Zusammensetzung und Färbung*", Z. f. angew. Chemie, **38**, *36* u. 38 (1925)

[11] Turner, W. E. S.: „*Studies of ancient glass and glassmaking processes*". Part. I — Crucible and melting temperatures employed in ancient Egypt at about 1370 B. C., J. Soc. Glass Techn., **38** (1954), 436–456

[12] Neumann, B.: „*Antike Gläser*" IV, Zeitschr. f. angew. Chemie, **42** (1929), 835

[13] Geilmann, W.: „*Beiträge zur Kenntnis alter Gläser*", III (Die chemische Zusammensetzung einiger alter Gläser). Glastechn. Ber. **28**, *4* (1955), 146

[14] Beyersdorfer, P.: „*Glashüttenkunde*", VEB Deutscher Verlag für Grundstoffindustrie, Leipzig, 1964

[15] Thompson, R. C.: „*A dictionary of Assyrian Chemistry and Geology*", Oxford, 1936

[16] Kröger, C., und J. Blömer: „*Über die Phasenneubildung bei den unter Schmelzbildung verlaufenden Umsetzungen im System* Na_2O–CaO–SiO_2–CO_2. Z. anorg. allg. Chemie **280** (1955), 51–64

[17] Gadd, C. J., und R. C. Thompson: A middle Babylonian Text, Iraq **3** (1936), 87–88

[18] Rathgen, F.: „*Aus der Geschichte des Glases*". Sprechsaal, **7** (1913), Coburg

[19] Forbes, R. J.: „*Die Anwendung des Glases im Laufe der Jahrhunderte*", Philips techn. Rundschau, **22** (1960/61), 318–336

[20] Turner, W. E. S., und H. P. Rooksby: „*A Study of the Opalising Agents in ancient Opal Glasses throughout 3400 Years*". Glastechn. Ber. **32** K, *VIII* (1959), 17–28

Peter-Adolf Thießen / Klaus Meyer / Gerhard Heinicke

Grundlagen der Tribochemie

(Abhandlungen der Deutschen Akademie der Wissenschaften zu Berlin, Klasse für Chemie, Geologie und Biologie, Jahrgang 1966, Nr. 1)

1967. 194 Seiten — 159 Abbildungen — 24 Tabellen — 4° — Halbleinen 33,— M

Die Beiträge behandeln den gegenwärtigen Stand der Forschungen auf dem Gebiet der Tribomechanik und Tribochemie. Damit liegt ein zusammenfassender Bericht über die experimentellen Arbeiten des Instituts für physikalische Chemie der Deutschen Akademie der Wissenschaften zu Berlin und ein vollständiges Literaturverzeichnis zu dem Themenkomplex vor.
Einleitend werden von Prof. Dr. Thießen neue Vorstellungen zur Tribomechanik und Tribochemie entwickelt. Unter Berücksichtigung der auftretenden Anregungszustände bei mechanischen Eingriffen in submikroskopischen Bereichen wird ein Verformungsmodell diskutiert, das als Magma-Plasma-Modell in die Literatur eingegangen ist. Die beiden nachfolgenden Beiträge stützen weitgehend dieses Verformungsmodell. Dr. Meyer behandelt die physikalischen und kristallographischen Grundphänomene bei der mechanischen Wechselwirkung zwischen Werkstück und Werkzeug an definierten Einkristallen.
Im zweiten Teil erläutert Dr. Heinicke die unter mechanischen Bearbeitungsbedingungen ablaufenden chemischen Reaktionen. Neben der Beschreibung verschiedener Reaktionen und der Bestimmung der Kinetik des Reaktionsablaufes wird über Reaktionen berichtet, die thermodynamisch nicht ablaufen sollten, unter mechanischen Arbeitsbedingungen jedoch möglich sind. Die Deutung ergibt sich dabei aus dem Thießenschen Magma-Plasma-Modell.

Bestellungen durch eine Buchhandlung erbeten

THEORIA CUM PRAXI

AKADEMIE-VERLAG · BERLIN

Gas-Chromatographie 1965

Anläßlich des 5. Symposiums über Gas-Chromatographie in der Deutschen Demokratischen Republik vom 18. bis 21. Mai 1965 in Berlin vorgelegte Arbeiten

Für den Druck vorbereitet von Hans Georg Struppe

(Abhandlungen der Deutschen Akademie der Wissenschaften zu Berlin, Klasse für Chemie, Geologie und Biologie, Jahrgang 1966, Nr. 2)

1966. VII, 576 Seiten — 355 Abbildungen — 147 Tabellen — 4° — Steifbroschur m. Leinenrücken 48,— M

Die Unterkommission für Gas-Chromatographie bei der Deutschen Akademie der Wissenschaften veranstaltete vom 18. bis 31. 5. 1965 in Berlin das fünfte Symposium. Das vorliegende Buch enthält dazu die Hauptvorträge und Fachbeiträge.
Je fünf Beiträge befassen sich mit der Theorie der Gas-Chromatographie, mit speziellen Fragen der flüssig-stationären Phase und mit Sorptionsuntersuchungen. Darauf folgen dreizehn Artikel zu speziellen Trennaufgaben, die thematisch von der Analyse der Phenole bis zur Trennung von Aminosäuren reichen. Den Detektoren, ihrer Arbeitsweise und quantitativen Aussage sind neun Arbeiten gewidmet. Weitere Beiträge haben apparative Fragen, die Methodik der Gas-Chromatographie und die Identifizierung der getrennten Substanzen zum Inhalt.
Bei der Vielfalt der behandelten Themen wird dieser Symposiumsband nicht nur dem Chemiker im Industrie- und Forschungslabor und dem Ingenieur in der Betriebskontrolle helfen, sein Fachwissen zu vervollständigen, sondern auch Biologen, Medizinern und Geologen bei analytischen Problemstellungen manchen wertvollen Hinweis geben können.
Ein Autorenverzeichnis und die Gliederung in Themengruppen erleichtern die Übersicht.

Bestellungen durch eine Buchhandlung erbeten

AKADEMIE-VERLAG · BERLIN

FSC
www.fsc.org
MIX
Papier | Fördert gute Waldnutzung
FSC® C083411

Kolibri 360 GmbH
Ferdinand-Jühlke-Straße 7
99095 Erfurt, Deutschland
produktsicherheit@kolibri360.de